# 猪病鉴别诊断与防治原色图谱

主 编
王泽岩　赵建增

副主编
何　斌　温　涛

编著者
王泽岩　赵建增　何　斌
温　涛　罗胜军　金扩世
黄彩云　高长彬　张　军
李宏伟

主　审
高英杰

金盾出版社

## 内 容 提 要

本书由吉林大学农学部王泽岩高级兽医师主编。书中将常见的、危害较大的猪病按症状分为7大类，对60多种疾病的诊断与防治方法，用500余幅原色图谱进行了介绍，形象直观地反映了这些疾病的临床表现和病理变化。同时，对相似疾病的流行病学、临床表现、病理变化进行了鉴别。本书立意新颖，注重实用，通俗易懂，可操作性强，适合养猪场员工、养猪专业户和广大基层兽医人员阅读，亦可供畜牧兽医院校师生参考。

**图书在版编目(CIP)数据**

猪病鉴别诊断与防治原色图谱/王泽岩，赵建增主编. —北京：金盾出版社，2008.9(2019.3重印)
ISBN 978-7-5082-5213-1

Ⅰ.①猪… Ⅱ.①王…②赵… Ⅲ.①猪病—诊疗—图谱 Ⅳ.①S858.28-64

中国版本图书馆 CIP 数据核字(2008)第 110826 号

**金盾出版社出版、总发行**
北京太平路5号(地铁万寿路站往南)
邮政编码：100036　电话：68214039　83219215
传真：68276683　网址：www.jdcbs.cn
北京军迪印刷有限责任公司印刷、装订
各地新华书店经销
开本：850×1168　1/32　印张：6　字数：41千字
2019年3月第1版第7次印刷
印数：38 001～41 000册　定价：30.00元

（凡购买金盾出版社的图书，如有缺页、倒页、脱页者，本社发行部负责调换）

# 序

我国规模化、集约化、工厂化养猪发展迅速,农户养猪已逐步形成小规模化或中规模化,品种的引进及生猪的流通更为频繁。因此,猪病的流行出现了许多新的特点,如疾病的种类增多,新发疾病不断出现,危害加重;多种病原混合感染明显增多;非典型病例迅速增多。猪病的发生变为复杂,多种疾病出现相同症状或相似症状,使得猪病的诊断和防治更为困难,特别是发病现场的临床诊断尤为重要。《猪病鉴别诊断与防治原色图谱》一书,应用大量图片,按症状分为7类疾病群,对有相同症状或相似症状的疾病进行鉴别诊断,并提出了防治措施,该书以图为主,图文并茂,直观明了,通俗易懂,适用于养猪和疾控技术人员及基层临床兽医。

本人先睹该书,实用性强,愿为作序。

中国畜牧兽医学会动物传染病学分会理事长
解放军军事医学科学院军事兽医研究所研究员
吉林大学、四川农业大学、扬州大学教授

2008 年 5 月 8 日

# 前 言

养猪业在我国历史悠久，在农业生产中占有重要地位。自改革开放以来，规模化养猪得到了飞速的发展，养殖户不断增多，不但提高了农民的经济收入，同时对改善人民生活和增强体质起到了很大的作用。但是，由于外来品种的引进，生猪流通更加频繁，饲养方式的改变等因素，使猪病的防治成为了突出的问题。此外，近年来，一些疾病出现了非典型型和温和型，并且混合感染十分严重，给疾病的诊断带来了很大的困难。为便于临床兽医在临诊时分析病情，笔者根据多年的临床经验将猪病按临床表现分类，并将一些有类似症状的疾病进行了鉴别，这样就如同查词典一样易于对照分析，可以节省查书时间，并能迅速做出比较正确的诊断。

有鉴于此，我们编写了《猪病鉴别诊断与防治原色图谱》。本书中将常见的、危害较大的猪病按症状分为7大类，近60种疾病的诊断与防治方法采用图文并茂的形式进行了介绍。书中选编了500余张图片，直观地反映了一些猪病的临床表现和肉眼可见的病理变化，并对相似疾病的流行病学、临床表现、病理变化进行了鉴别。力求在目前的诊断水平下，尽早做出正确诊断或方向性的诊断，减少疾病造成的损失，提高疾病预防和控制水平。

在本书的编写过程中，除了总结笔者以往临床的诊疗经验外，还参阅了大量的有关猪病的资料和文献。书中所选用的图片除笔者在临床中的积累以外，还从徐有生的《瘦肉型猪饲养管理及疫病防制彩色图谱》；孙锡斌，程国富，徐有生的《动物检疫检验彩色图谱》；白挨泉，刘富来《猪病防治彩图手册》；林太明，雷瑶，吴德峰等的《猪病诊治快易通》；宣长和，王亚军，邵世义等的《猪病诊断彩色图谱与防治》（第一版）等书中选出了部分图片。谨对以上作者和出版社表示感谢。

由于作者的理论和技术水平有限，书中不妥、错误之处在所难免，敬请广大读者批评指正。

编 著 者
2008年4月25日

# 目　　录

## 第一章　腹泻类疾病 …………………………………… (1)
　　一、猪瘟 ……………………………………………… (1)
　　二、猪传染性胃肠炎 ………………………………… (10)
　　三、猪流行性腹泻 …………………………………… (15)
　　四、猪繁殖与呼吸综合征 …………………………… (17)
　　五、猪伪狂犬病 ……………………………………… (29)
　　六、猪大肠杆菌病 …………………………………… (34)
　　七、猪副伤寒 ………………………………………… (42)
　　八、猪丹毒 …………………………………………… (47)
　　九、猪痢疾 …………………………………………… (52)
　　十、猪链球菌病 ……………………………………… (55)
　　十一、猪增生性肠炎 ………………………………… (64)
　　十二、衣原体病 ……………………………………… (68)
　　十三、猪球虫病 ……………………………………… (71)
　　十四、猪弓形虫病 …………………………………… (72)
　　十五、猪蛔虫病 ……………………………………… (76)
　　十六、猪毛首线虫病 ………………………………… (79)
　　十七、胃溃疡 ………………………………………… (81)

## 第二章　呕吐类疾病 …………………………………… (84)
　　一、铜中毒 …………………………………………… (84)
　　二、猪后圆线虫病 …………………………………… (86)
　　三、食盐中毒 ………………………………………… (87)

## 第三章　呼吸困难类疾病 ……………………………… (90)
　　一、猪流行性感冒 …………………………………… (90)
　　二、猪传染性胸膜肺炎 ……………………………… (92)

1

三、猪传染性萎缩性鼻炎 …………………………… (97)
四、猪支原体肺炎 …………………………………… (99)
五、猪副嗜血杆菌病 ………………………………… (102)
六、猪肺疫 …………………………………………… (107)
七、猪附红细胞体病 ………………………………… (113)
八、猪呼吸道病综合征 ……………………………… (119)
九、猪应激综合征 …………………………………… (124)
十、疝症 ……………………………………………… (125)
十一、肠套叠 ………………………………………… (127)
十二、肠扭转 ………………………………………… (128)

## 第四章 神经症状、运动障碍类疾病 ……………… (130)
一、猪日本乙型脑炎 ………………………………… (130)
二、猪李氏杆菌病 …………………………………… (133)
三、破伤风 …………………………………………… (135)
四、仔猪低血糖症 …………………………………… (137)
五、钙和磷缺乏 ……………………………………… (139)

## 第五章 母猪繁殖障碍类疾病 ……………………… (140)
一、猪细小病毒病 …………………………………… (140)
二、猪圆环病毒病 …………………………………… (142)
三、猪布鲁氏菌病 …………………………………… (150)
四、子宫内膜炎 ……………………………………… (153)
五、乳房炎 …………………………………………… (155)
六、母猪无乳综合征 ………………………………… (156)

## 第六章 皮肤损伤类疾病 …………………………… (158)
一、口蹄疫 …………………………………………… (158)
二、猪水疱病 ………………………………………… (161)
三、猪痘 ……………………………………………… (163)

四、猪坏死杆菌病 ……………………………………（164）
　　五、猪渗出性皮炎 ……………………………………（166）
　　六、猪疥螨病 …………………………………………（170）
　　七、猪细颈囊虫病 ……………………………………（172）
　　八、猪虱 ………………………………………………（174）
　　九、猪的皮肤真菌病 …………………………………（175）
　　十、猪玫瑰糠疹 ………………………………………（177）
第七章　贫血类疾病 ………………………………………（179）
　　一、猪结核病 …………………………………………（179）
　　二、猪囊尾蚴病 ………………………………………（180）
　　三、仔猪缺铁性贫血 …………………………………（182）
　　四、猪异嗜癖 …………………………………………（183）
主要参考文献 ………………………………………………（184）

# 第一章　腹泻类疾病

## 一、猪　瘟

(Swine fever, SF)

猪瘟是由猪瘟病毒（SFV）引起的一种急性、热性、高度接触性、致死性传染病，是严重危害养猪业发展的一种烈性传染病。

【诊断要点】

1. 流行病学　本病可感染不同年龄的猪只，一年四季均可发生。病猪的各种分泌物、排泄物、内脏、血液、肉中含有大量病毒，通过消化道和呼吸道等接触传播。妊娠母猪还可以通过胎盘传染给胎儿。该病急性暴发时发病率和死亡率高达90%以上。

2. 临床表现

（1）最急性型　病猪体温高达41℃以上，病程1～4天，多突然发病死亡（图1-1至图1-4）。

图1-1　全身皮肤发红

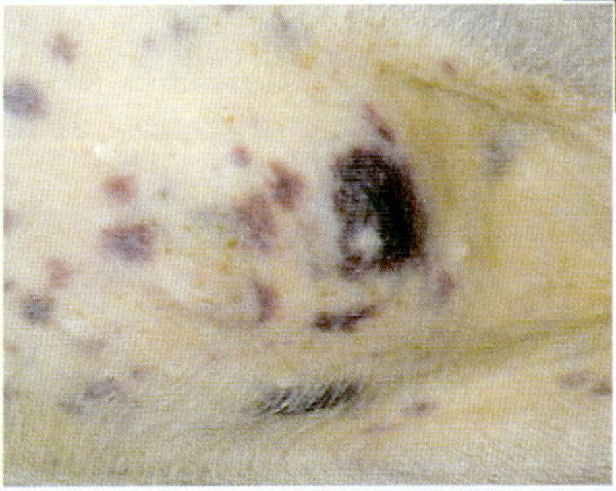

图1-2　腹部皮肤有针尖大出血点

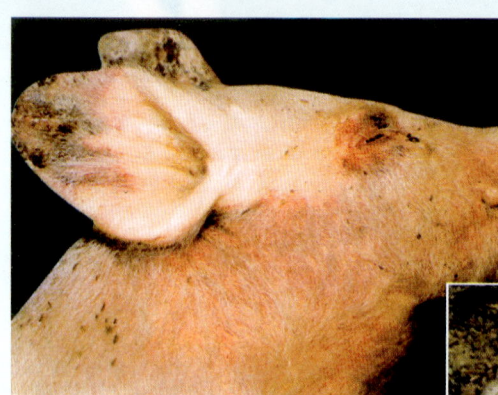

图1-3 耳、颈部皮肤出血（宣长和等）

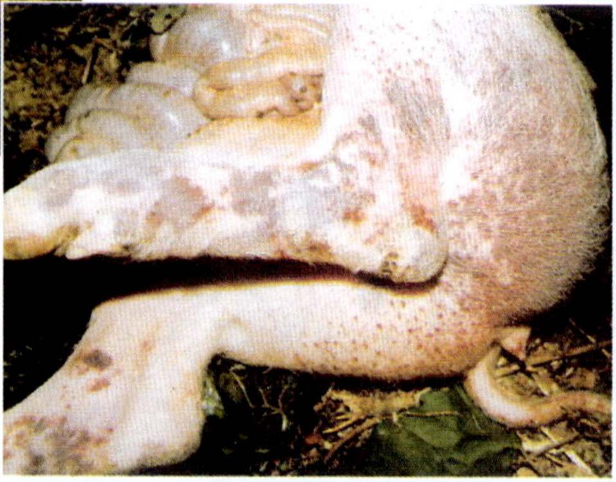

图1-4 四肢末梢、外阴部、尾根等部位出现出血斑点（林太明等）

（2）急性型 此型最常见，病猪体温41℃以上稽留不退，初期病猪便秘，排干粪球状，皮肤初期常见有潮红，后期皮肤出现贫血，在外阴部、腹下、四肢内侧等处有出血点或出血斑（图1-5，图1-6）。

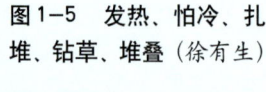

图1-5 发热、怕冷、扎堆、钻草、堆叠（徐有生）

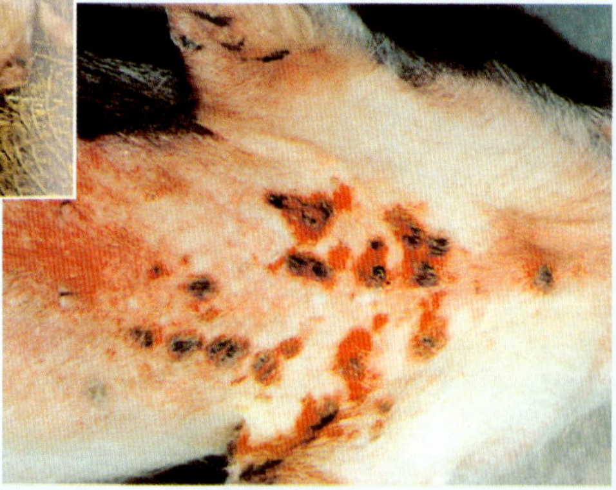

图1-6 胸部皮肤出血斑（宣长和等）

3. 病理剖检变化

(1) 最急性型 见图1-7,图1-8。

图1-7 皮下有少量出血点

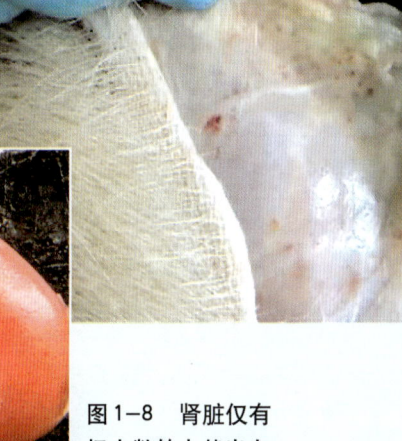

图1-8 肾脏仅有极少数的点状出血

(2) 急性型 见图1-9至图1-30。

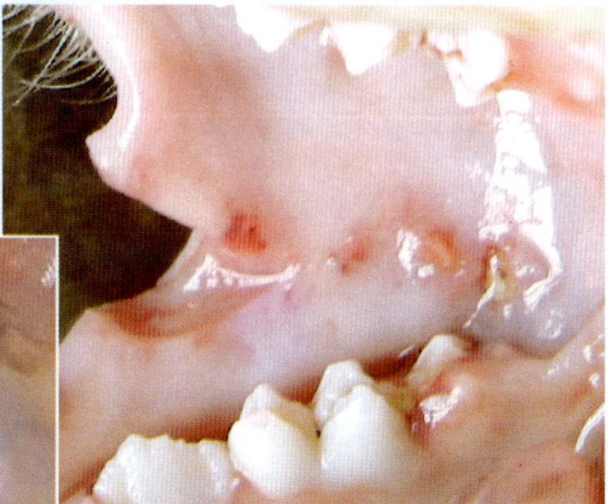

图1-9 口腔黏膜有出血斑

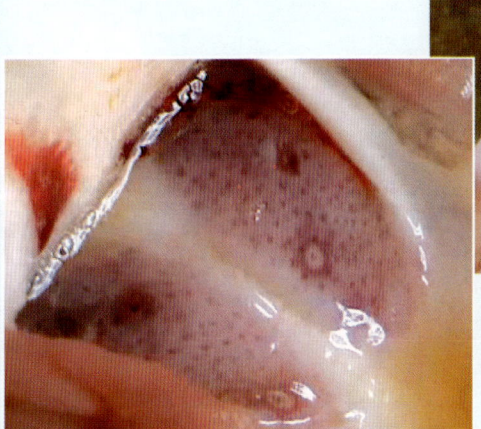

图1-10 扁桃体出血和坏死

3

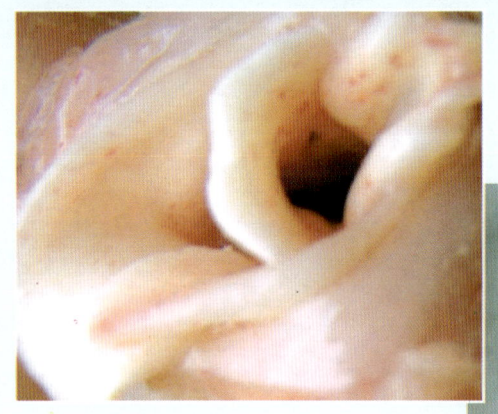

图1-11 喉头有点状出血点

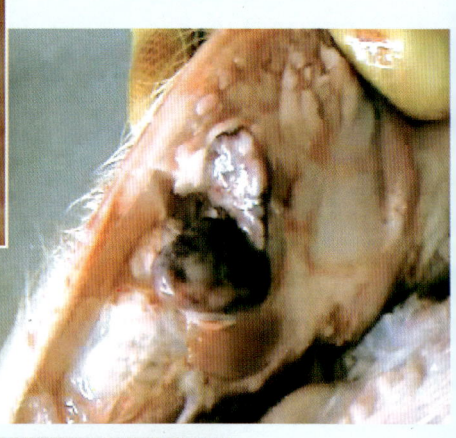

图1-12 颌下淋巴结肿大、出血

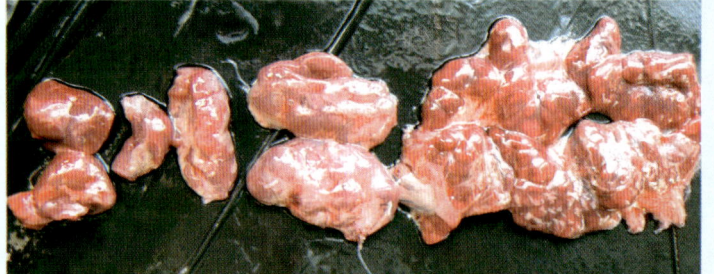

图1-13 颌下、肺门、腹股沟、肠系膜淋巴结肿大、出血

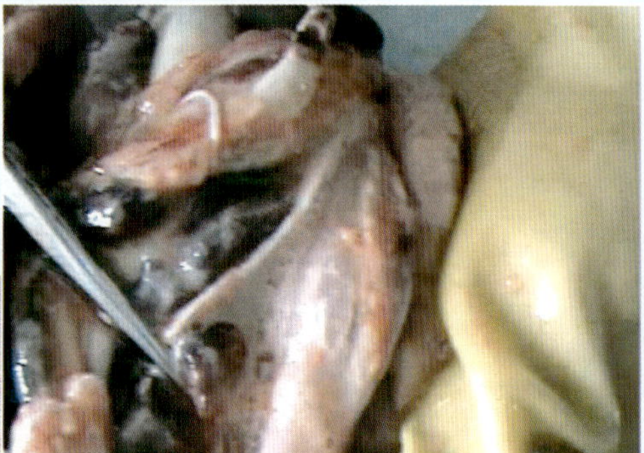

图1-14 肺门淋巴结肿大、出血

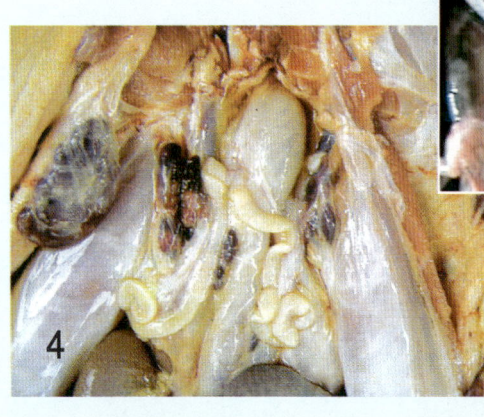

图1-15 髂内淋巴结肿大、出血（林太明等）

图1-16 腹股沟淋巴结肿大、出血

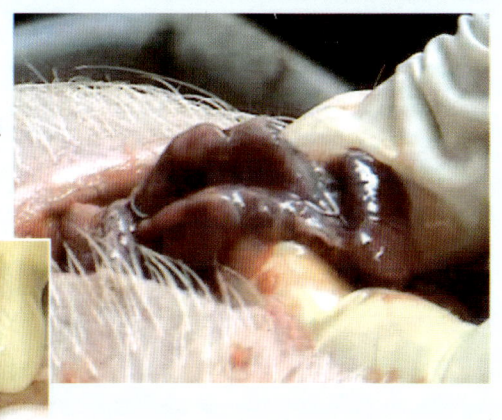

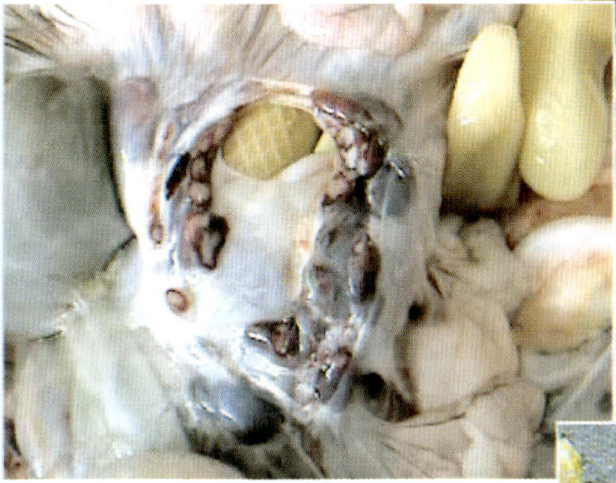

图1-17 肠系膜淋巴结肿大、出血

图1-18 肺斑点状出血（白挨泉等）

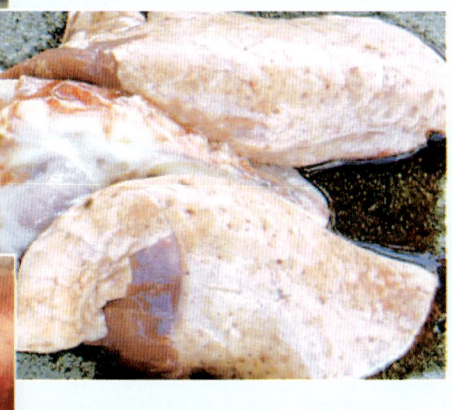

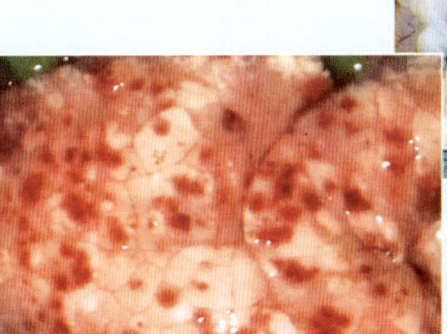

图1-19 肺小点状出血（徐有生）

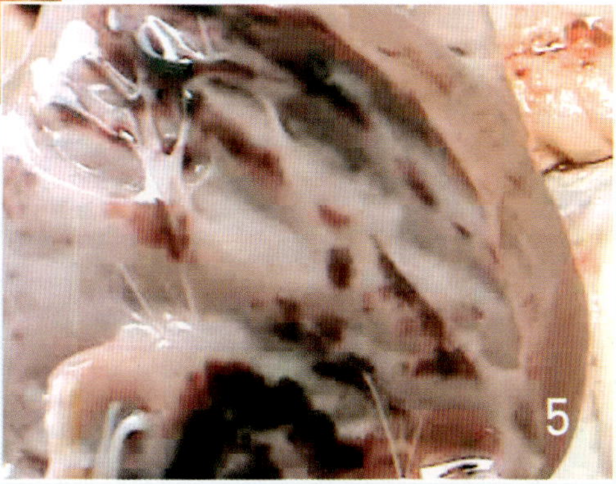

图1-20 心内膜出血斑

图1-21 心耳、冠状沟脂肪出血

图1-22 脾肿大、有坏死灶

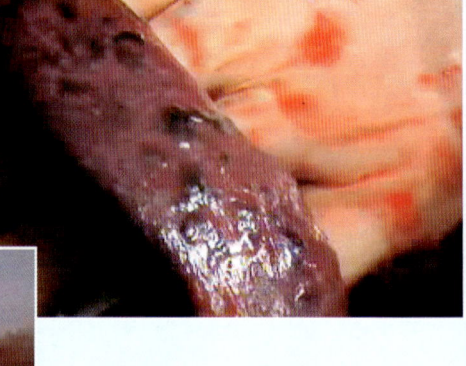

图1-23 脾表面有隆起的梗死灶

图1-24 肾脏表面有大量的点状出血

图1-25 肾乳头出血严重

图 1-26 胆囊壁有出血斑点

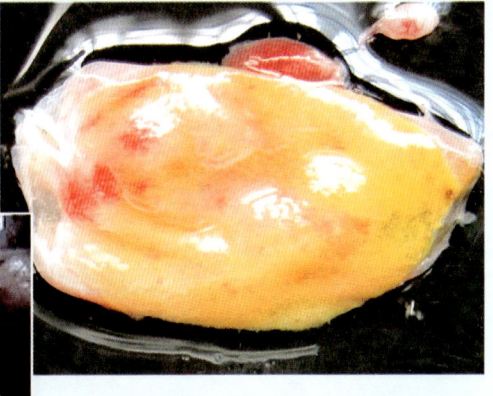

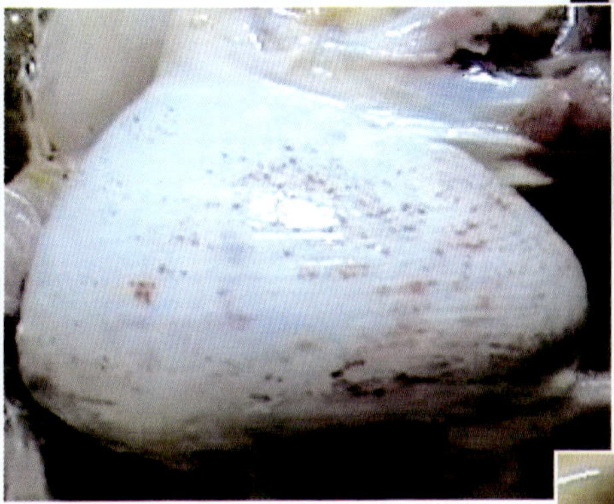

图 1-27 膀胱浆膜出血

图 1-28 膀胱黏膜有出血斑

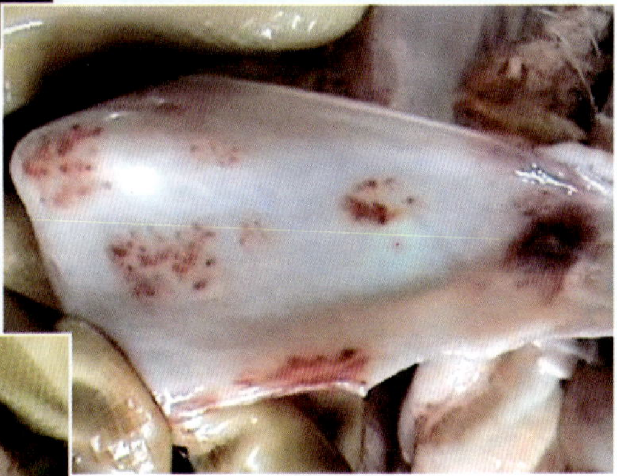

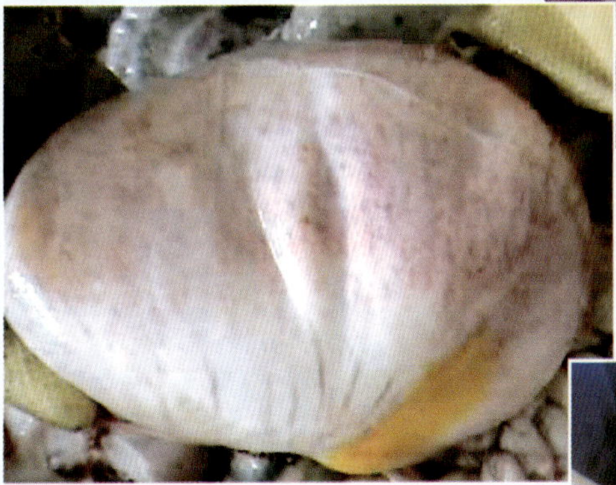

图 1-29 胃浆膜上有大量出血点

图 1-30 胃底出血严重

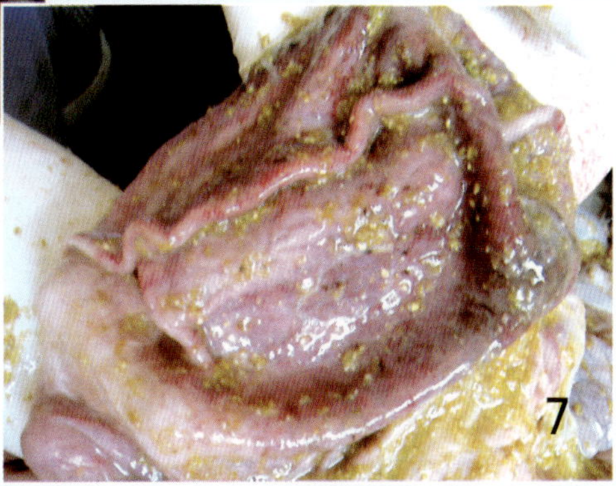

7

(3) 慢性型　见图 1-31 至图 1-39。

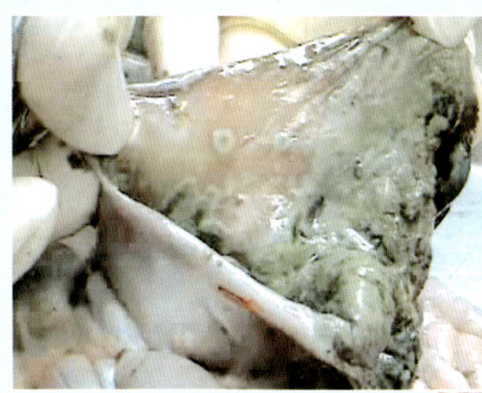

图 1-31　盲肠溃疡
（与副伤寒混合）

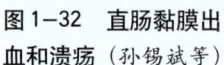

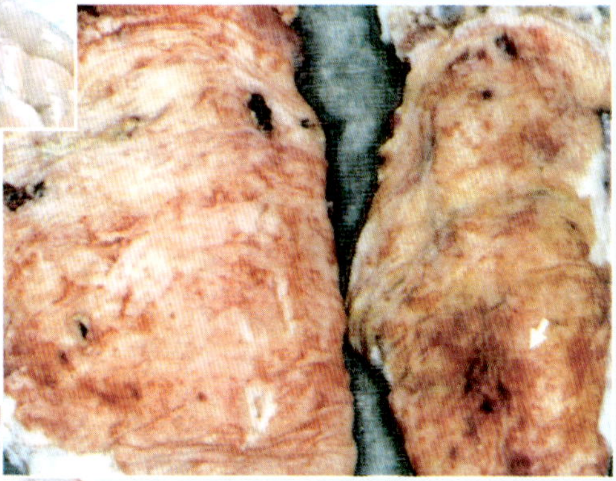

图 1-32　直肠黏膜出血和溃疡（孙锡斌等）

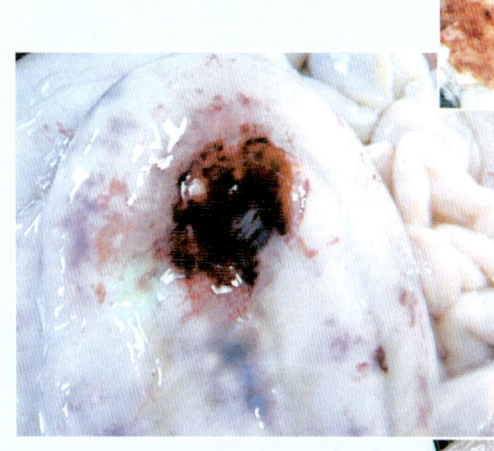

图 1-33　结肠浆膜斑点状出血和胶样渗出（白挨泉等）

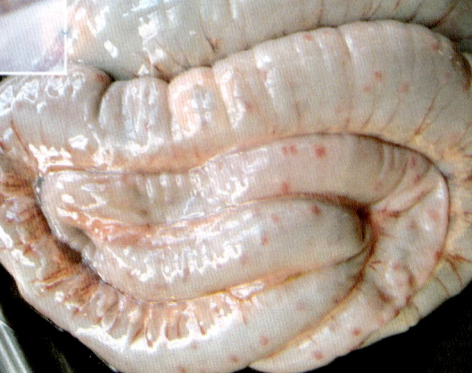

图 1-34　大结肠浆膜出血点

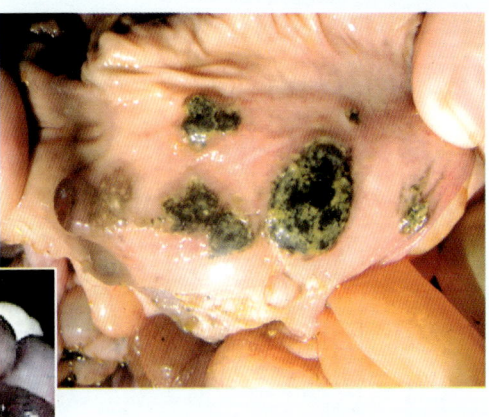

图1-35 盲肠黏膜有钮扣状溃疡

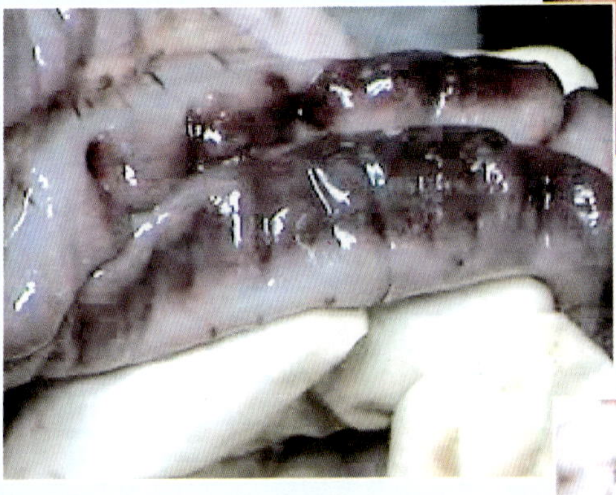

图1-36 大结肠浆膜出血严重

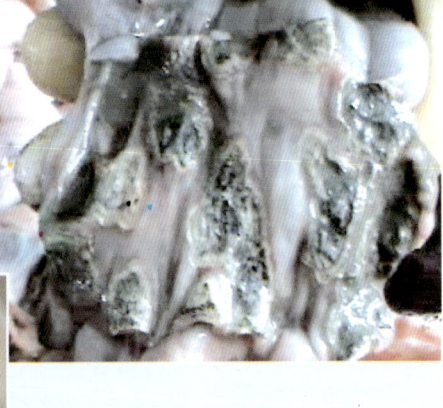

图1-37 感染沙门氏杆菌而引起的猪副伤寒的肠纤维素坏死性肠炎

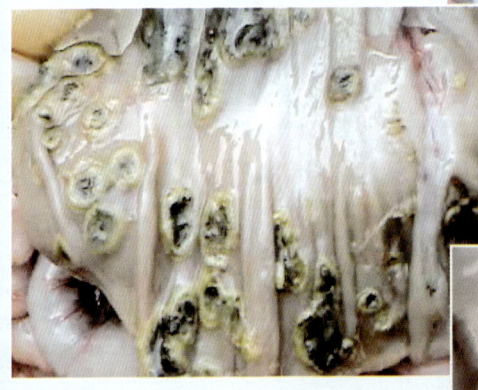

图1-38 结肠钮扣状溃疡

图1-39 盲肠钮扣状溃疡

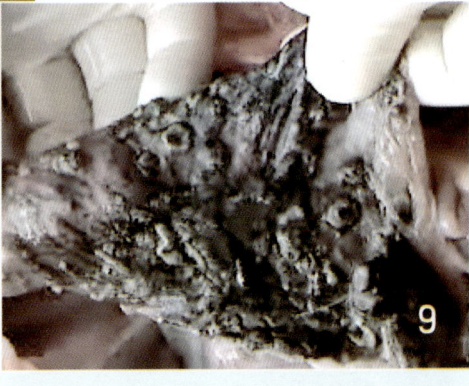

【鉴别诊断】　见表1-1。

表1-1　与猪瘟病的鉴别诊断

| 病　名 | 症　状 |
| --- | --- |
| 猪丹毒 | 皮肤上有蓝紫色斑，指压褪色；脾脏肿大呈樱桃色；肾淤血，呈"大红肾"；心脏瓣膜有菜花样灰白色血栓性增生物；关节腔有黏液 |
| 猪副伤寒 | 排黄色或灰绿色稀便、恶臭。剖检可见脾肿大；肝脏实质内有黄色或灰白色小坏死点；大肠黏膜坏死、有不规则溃疡 |
| 猪肺疫 | 咽喉部肿胀；呼吸困难，流涎，犬坐。剖检可见咽喉部炎性水肿；纤维素性肺炎；肺表面暗红色，有纤维素性渗出物 |
| 猪弓形虫病 | 呼吸困难，咳嗽，有癫痫样痉挛；剖检肺脏肿大、间质增宽、呈半透明状；肝肿胀，有灰白色或灰黄色坏死灶，脾肿大或萎缩 |
| 猪链球菌病 | 关节肿大，运动障碍；剖检鼻黏膜充血、出血，气管充血、大量泡沫，脾肿大，脑膜充血、出血，关节腔内大量黏液 |
| 附红细胞体病 | 咳嗽，可视黏膜苍白；黄疸；剖检肌肉色淡，脂肪黄染，肝土黄色，脾肿大、质软、有结节和出血点 |

【防治措施】　仔猪20日龄首免，剂量4头份；60～65日龄二免，剂量5头份。疫场初生仔猪可行超前免疫，剂量3头份，注苗后1.5～2小时开奶；60～65日龄二免，剂量5头份。后备种猪配种前加强免疫1次，以后每年加强免疫1次，剂量4～5头份。如有注射伪狂犬病弱毒苗，必须与本病免疫隔开1周时间。

## 二、猪传染性胃肠炎

(Transmissible gastroenteritis of pigs，TGE)

猪传染性胃肠炎是由猪传染性胃肠炎病毒引起的一种急性、

高度接触性的肠道传染病。

【诊断要点】

1. 流行病学　本病只感染猪，不同年龄的猪均易感，10日龄以内的仔猪发病率和死亡率很高。每年的12月份至翌年的3月份发病最多，夏季发病很少。病猪和带毒猪是主要传染源，它们从粪便、乳汁、鼻分泌物、呕吐物、呼出的气体中排出病毒，经消化道和呼吸道传染给易感猪。

2. 临床表现　见图1-40至图1-47。

图1-40　保育猪脱水、消瘦（白挨泉等）

图1-41　痊愈仔猪生长发育不良（林太明等）

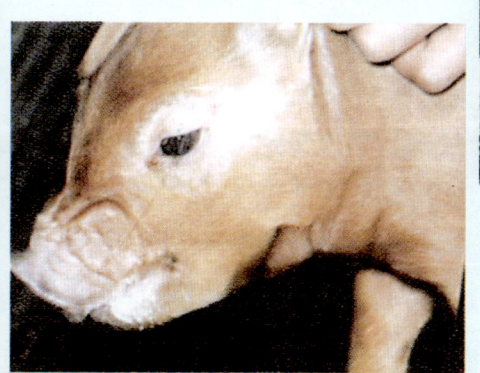

图1-42　腹泻，黄绿色粪便污染全身，明显脱水，消瘦（宣长和等）

图1-43　仔猪在呕吐（徐有生）

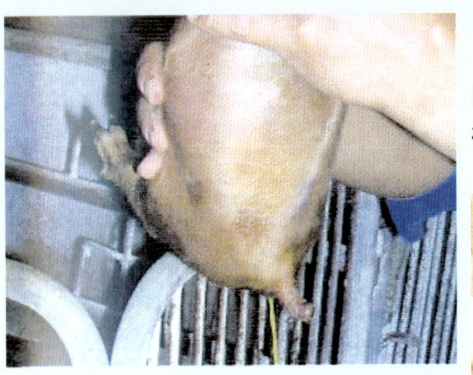

图1-44 新生仔猪水样腹泻（白挨泉等）

图1-45 生长猪排出黄色水样稀便（白挨泉等）

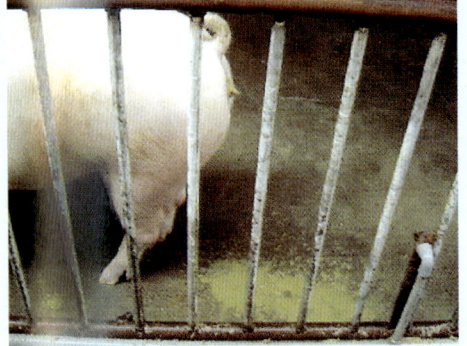

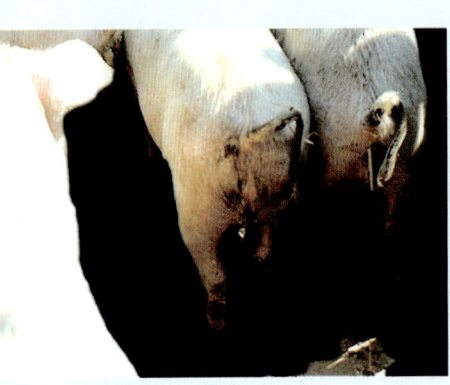

图1-46 呈现水样腹泻（林太明等）

图1-47 水样腹泻，呈喷射状（宣长和等）

3. 病理剖检变化　见图1-48至图1-53。

图1-48 胃膨胀，有积食（林太明等）

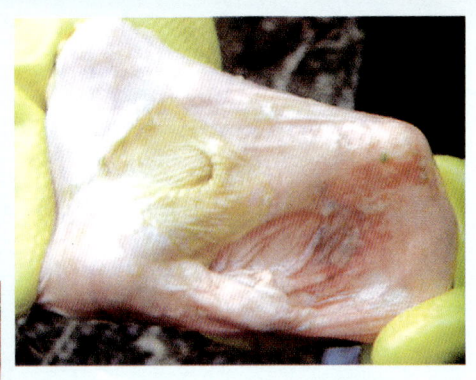

图1-49 胃黏膜充血、坏死、脱落，胃壁变薄（林太明等）

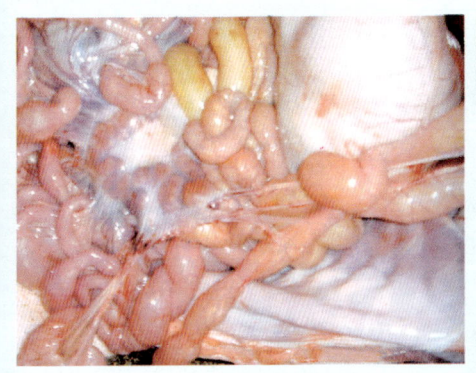

图1-50 肠系膜淋巴结肿大、出血，小肠黏膜炎性充血，扩张（白挨泉等）

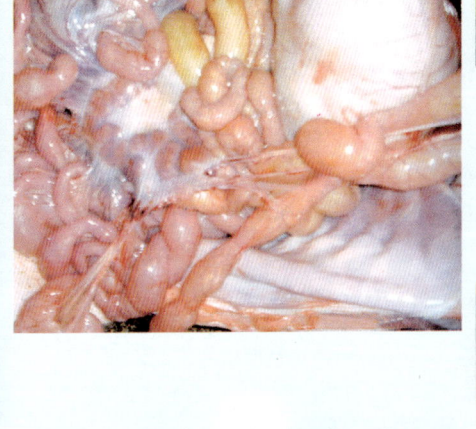

图1-51 肠壁变薄、透明，肠腔内充满水样稀便（白挨泉等）

图1-52 肠壁充血、肠壁菲薄

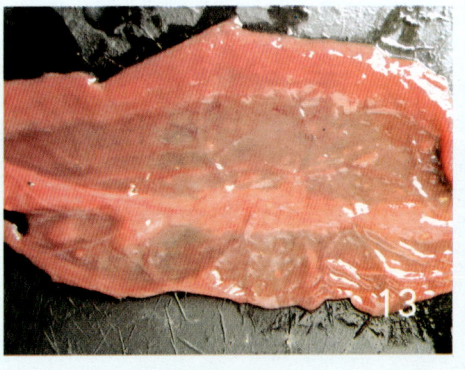

图1-53 空肠壁变薄、出血

【鉴别诊断】 见表1-2。

表1-2 猪传染性胃炎的鉴别诊断

| 病 名 | 症 状 |
|---|---|
| 流行性腹泻 | 剖检小肠系膜充血,肠系膜淋巴结水肿,肠绒毛显著萎缩 |
| 轮状病毒病 | 剖检肠内容物浆液性或水样,胃底不出血 |
| 圆环病毒病 | 伴有呼吸道症状,剖检脾脏和全身淋巴结异常肿大,肾脏有白斑,肺脏橡皮状 |
| 猪 瘟 | 体温高,腹泻与便秘交替出现,全身呈败血症变化。慢性病猪回盲口可见钮扣状溃疡 |
| 猪副伤寒 | 多发于2~4月龄仔猪,粪便腥臭,混有血液和假膜,病变部位主要在大肠 |
| 仔猪黄痢 | 7日龄以上很少发病,剖检十二指肠和空肠的肠壁变薄,胃黏膜有红色出血斑 |
| 仔猪白痢 | 主要发生在10日龄至断奶,粪便白色糊状,不呕吐。剖检肠壁薄、透明,肠黏膜不见出血 |
| 仔猪红痢 | 粪便红褐色,不见呕吐。剖检病变主要在空肠,可见出血、暗红色 |
| 猪痢疾 | 黏液性和出血性下痢。剖检结肠和盲肠黏膜肿胀、出血,大肠黏膜坏死、有伪膜 |
| 猪增生性肠炎 | 粪便黑色或血痢。剖检可见回肠和大肠病变部位肠壁增生变厚、肠管变粗 |

【防治措施】 主要有:①康复猪的全血或血清给新生仔猪口服,有一定的预防和治疗作用。②母猪产前45天和30天肌内注射和鼻内各接种本病弱毒苗1毫升;对未免疫母猪所产新生仔猪立即口服该弱毒苗,隔1~2小时开奶。③病猪用抗菌、止泻和补液等方法进行对症治疗和防止并发症,同时保持仔猪舍温度(30℃)和干燥。补液可用口服补液盐(氯化钠3.5克、碳酸氢钠2.5克、氯化钾1.5克、葡萄糖20克、冷开水1000毫升),或葡萄糖甘氨酸溶液(葡萄糖22.5克、氯化钠4.75克、甘氨酸3.44克、柠檬酸0.27克、柠檬酸钾0.04克、无水磷酸钾2.27克、冷开水1000

毫升),让病仔猪自由饮服。

## 三、猪流行性腹泻

### (Porcine epidemic diarrhea,PED)

猪流行性腹泻是由猪流行性腹泻病毒(Porcine epidemic diarrea virus)引起的一种急性、接触性肠道传染病。

【诊断要点】

1. **流行病学** 各种年龄的猪对该病毒都很敏感,哺乳仔猪,断奶仔猪和肥育猪感染发病率100%,本病多发于冬季,在我国12月至翌年2月份寒冷季节流行。病猪是该病的主要传染源,病毒随粪便排出,污染周围环境和饲养用具,经消化道传染。

2. **临床表现** 哺乳仔猪感染后,精神沉郁、厌食、消瘦及衰竭。主要表现为呕吐、腹泻、脱水、运动僵硬等症状。腹泻开始时排黄色黏稠便,以后变成水样便并混有黄白色凝血块,最严重时,几乎全部为水分。

3. **病理剖检变化** 胃内有多量黄白色的乳凝块。小肠肠管膨满扩张、充满黄色液体,肠壁变薄、肠系膜充血,肠系膜淋巴结水肿,小肠绒毛萎缩(图1-54至图1-56)。

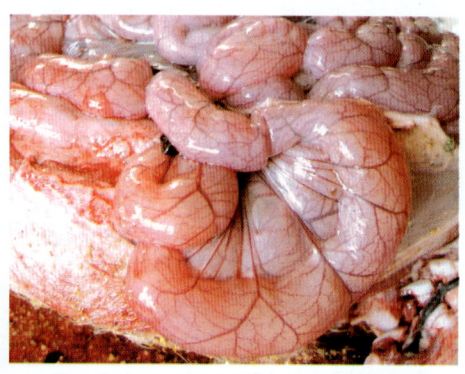

图1-54 肠壁充血、肠壁菲薄

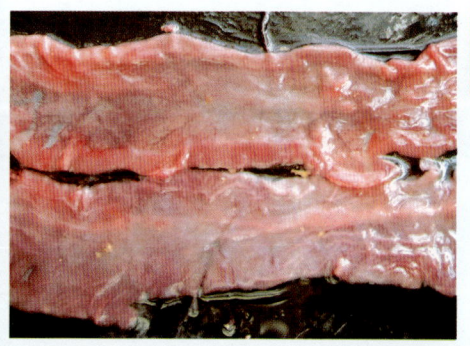

图1-55 肠黏膜出血、肠壁菲薄

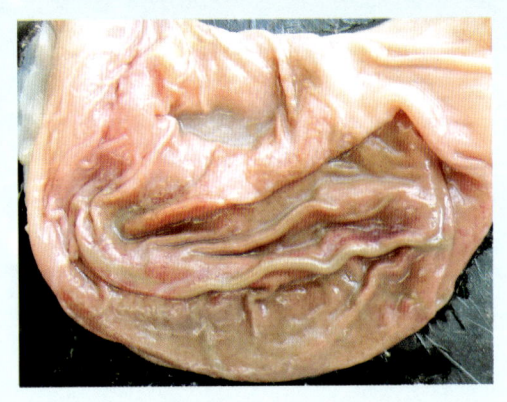

图 1-56 胃底充血出血

【鉴别诊断】 见表1-3。

表1-3 与猪流行性腹泻的鉴别诊断

| 病 名 | 症 状 |
| --- | --- |
| 猪传染性胃肠炎 | 剖检可见胃底黏膜潮红、溃疡,靠近幽门处有坏死区 |
| 轮状病毒病 | 剖检肠内容物浆液性或水样,胃底不出血 |
| 圆环病毒病 | 伴有呼吸道症状,剖检脾脏和全身淋巴结异常肿大,肾脏有白斑,肺脏橡皮状 |
| 猪 瘟 | 体温高,腹泻与便秘交替出现,全身呈败血症变化。慢性病猪回盲口可见钮扣状溃疡 |
| 猪副伤寒 | 多发于2~4月龄仔猪,粪便腥臭、混有血液和假膜,病变部位主要在大肠 |
| 仔猪黄痢 | 7日龄以上很少发病,剖检十二指肠和空肠的肠壁变薄,胃黏膜有红色出血斑 |
| 仔猪白痢 | 主要发生在10日龄至断奶,粪便白色糊状,不呕吐。剖检肠壁薄、透明,肠黏膜不见出血 |
| 仔猪红痢 | 粪便红褐色,不见呕吐。剖检病变主要在空肠,可见出血,暗红色 |
| 猪痢疾 | 黏液性和出血性下痢。剖检结肠和盲肠黏膜肿胀、出血,大肠黏膜坏死、有伪膜 |
| 猪增生性肠炎 | 粪便黑色或血痢。剖检可见回肠和大肠病变部位肠壁增生变厚、肠管变粗 |

【防治措施】 具体防治措施参见猪传染性胃肠炎的有关部分。

## 四、猪繁殖与呼吸综合征

(Porcine reproductiveand respiratory syndrome, PRRS)

猪繁殖与呼吸综合征也称为"蓝耳病",是由猪繁殖与呼吸综合征病毒(PRRSV)引起的猪的繁殖和呼吸障碍的一种高度接触性传染病。

【诊断要点】

1. 流行病学　本病主要侵害繁殖母猪和仔猪,而肥育猪发病温和。病猪和带毒猪是主要传染源,感染母猪的鼻分泌物、粪便、尿均含有病毒。耐过猪可长期带毒和不断向体外排毒。本病的传播迅速,主要通过空气传播,经呼吸道感染,也可垂直传播。

2. 临床表现　见图1-57至图1-82。

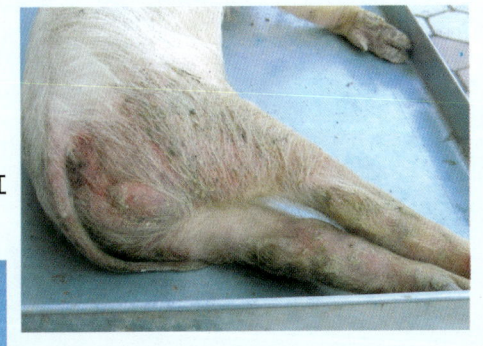

图1-57　臀部、后肢及尾根皮肤发红

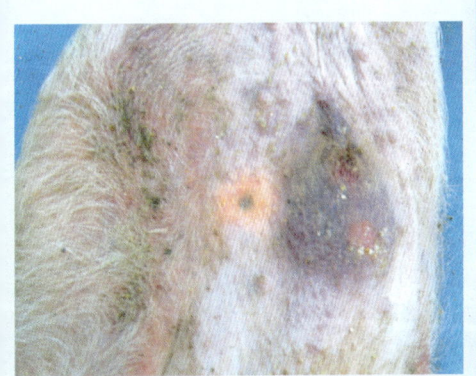

图1-58　脐部皮肤发绀

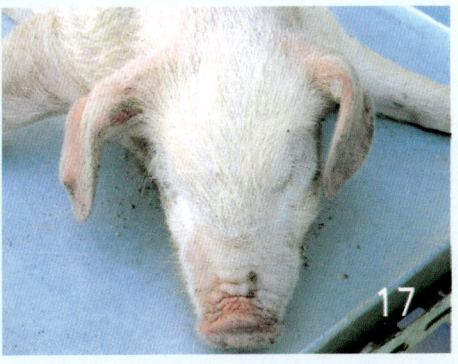

图1-59　吻突及耳部皮肤发红

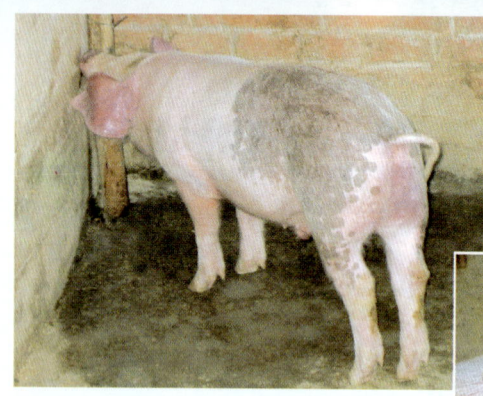

图1-60　臀部皮肤发红

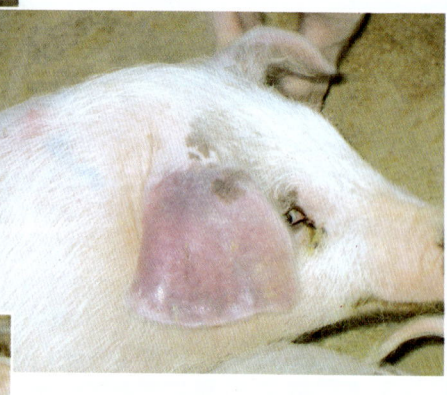

图1-61　耳部皮肤发绀

图1-62　大群个别仔猪耳部皮肤发红

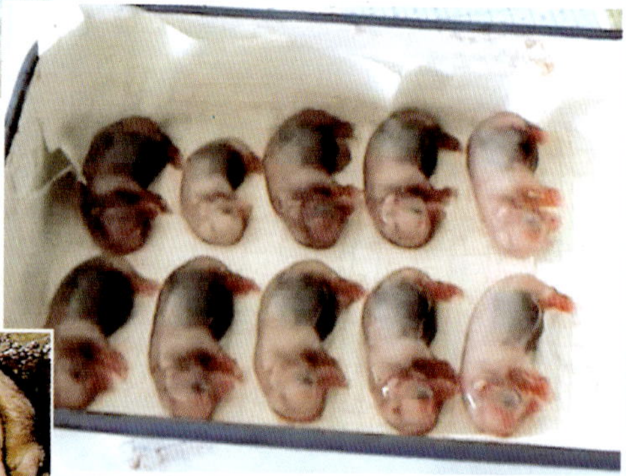

图1-63　流产的胎儿

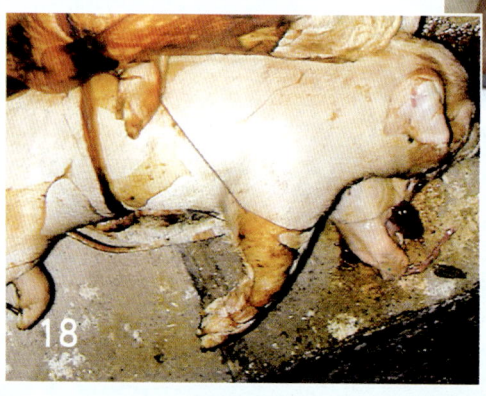

图1-64　产下的死胎（白挨泉等）

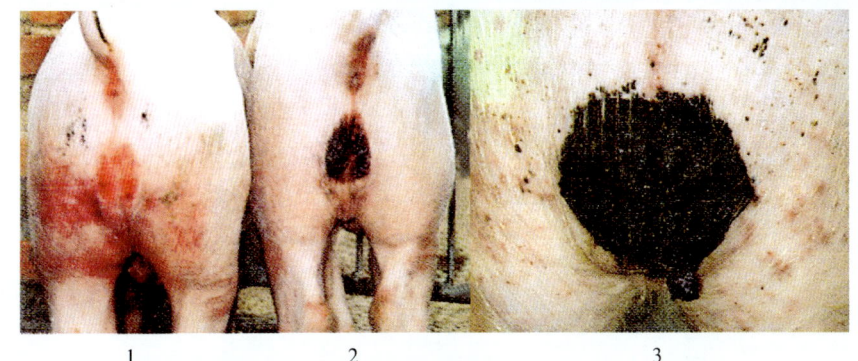

图1-65 阴囊出血不同时期的变化（徐有生）
1.初期阴囊皮肤刚开始出血、呈浅红色 2.中期阴囊皮肤出血变得越来越严重、呈蓝紫色 3.后期阴囊皮肤出血灶坏死、干涸、硬结、类似黑色结痂

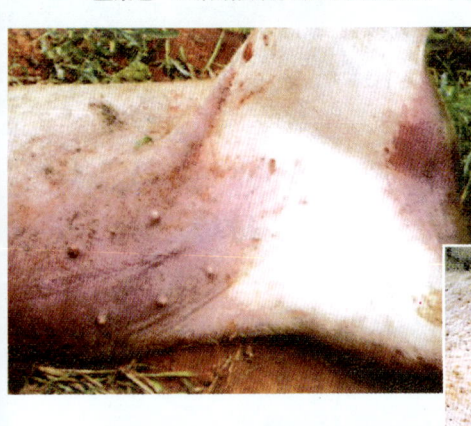

图1-66 腹下、臀部皮肤严重发绀、呈蓝紫色（徐有生）

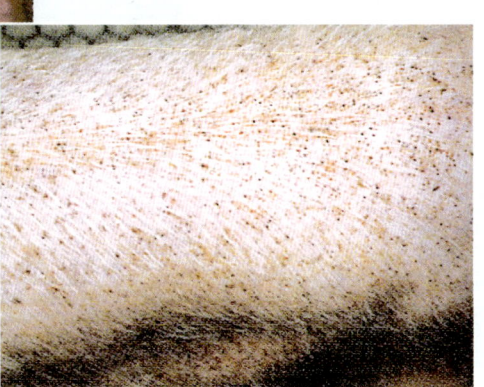

图1-67 全身皮肤密布针尖状出血点，又称全身毛孔出血。此种出血点不会扩大，如若病情好转，出血点会逐渐消失（徐有生）

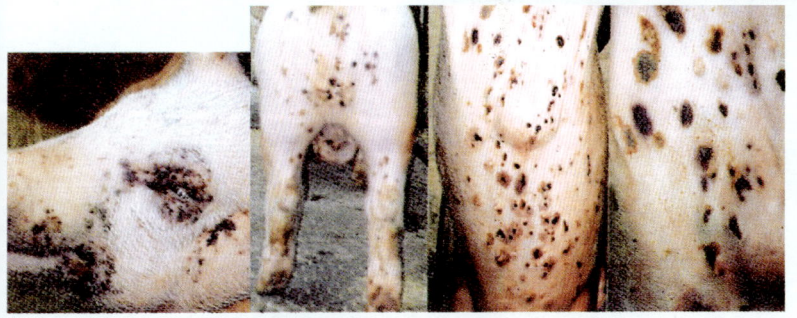

图1-68 全身皮肤油菜籽粒状出血及其发展变化（徐有生）

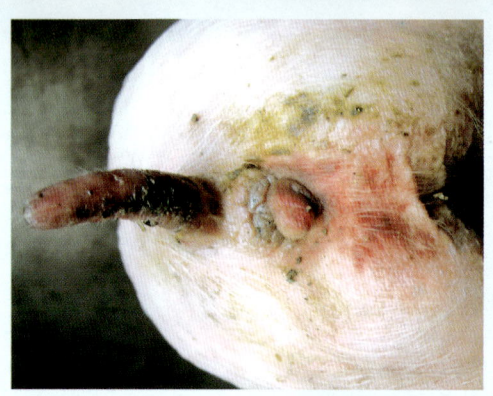

图1-69　肛门处皮肤出血

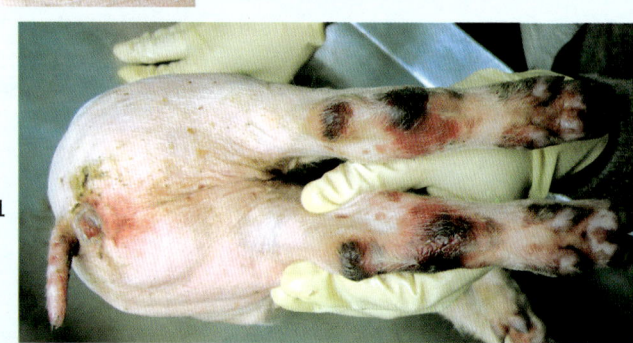

图1-70　四肢皮肤出血

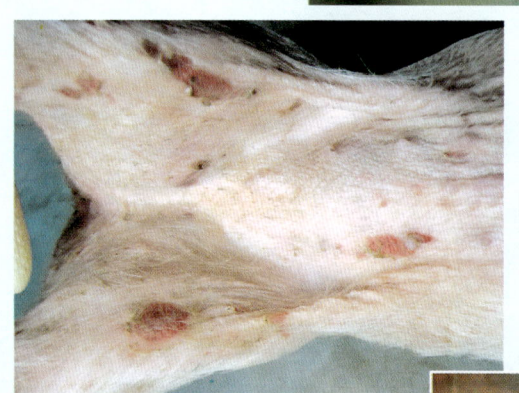

图1-71　腹部皮肤出血灶

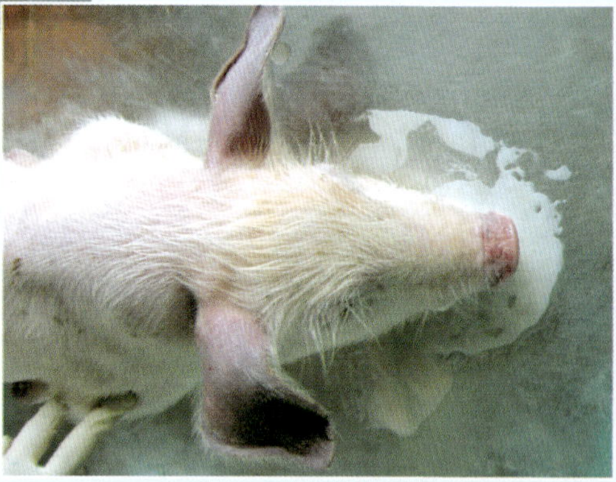

图1-72　发病猪双耳蓝紫色

图1-73 耳部、四肢皮肤严重发绀，呈蓝紫色（孙锡斌等）

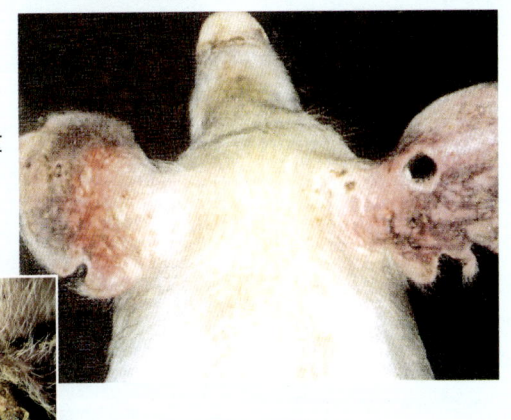

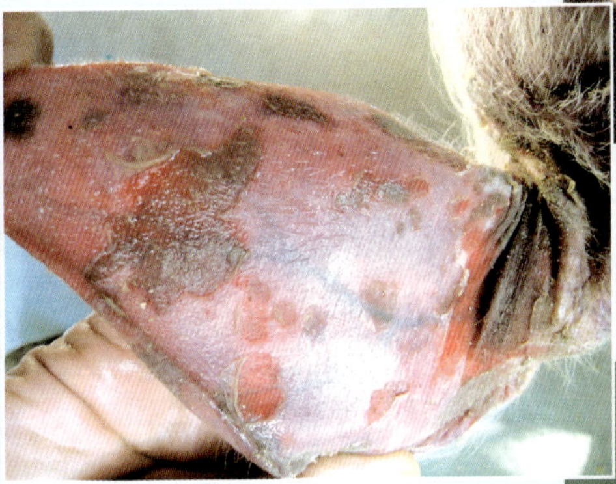

图1-74 耳部皮肤大面积溃烂

图1-75 耳朵呈蓝紫色

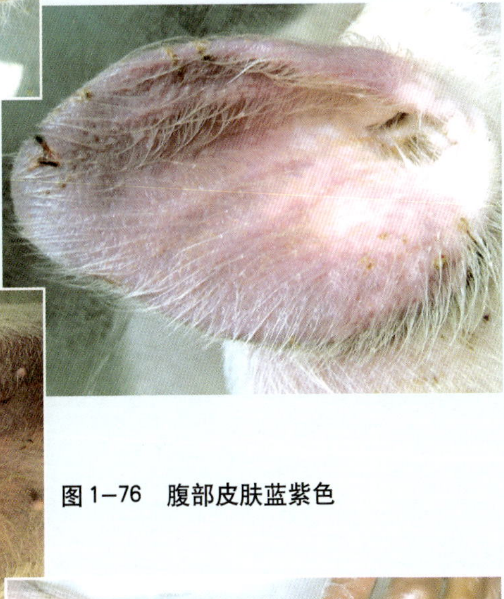

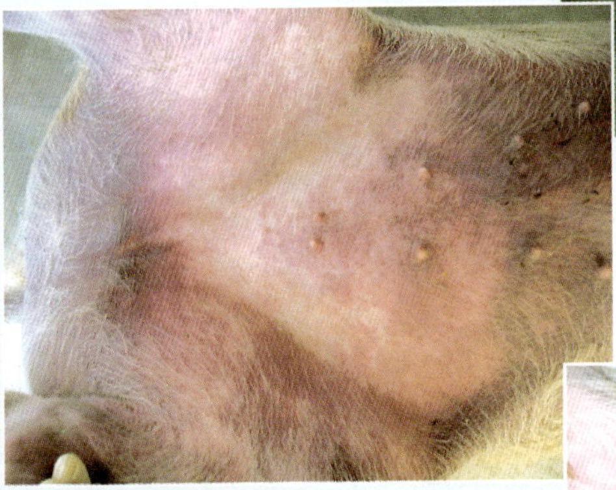

图1-76 腹部皮肤蓝紫色

图1-77 腹部皮肤溃烂

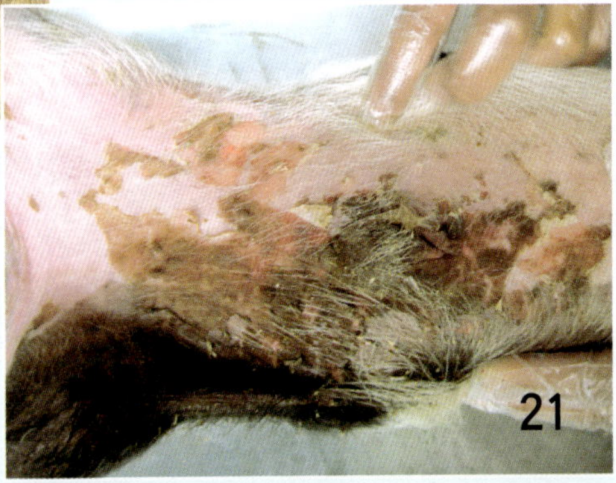

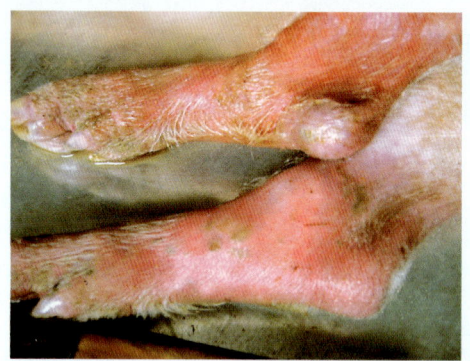

图1-78 关节下部均发红

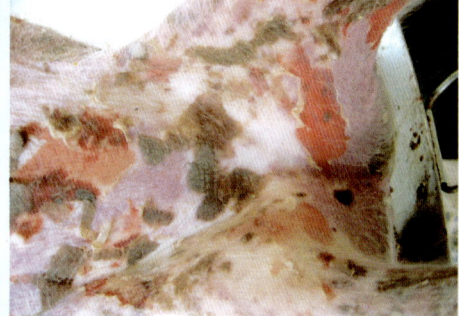

图1-79 皮肤大面积溃烂

图1-80 脐部发紫,腹股沟淋巴结肿大

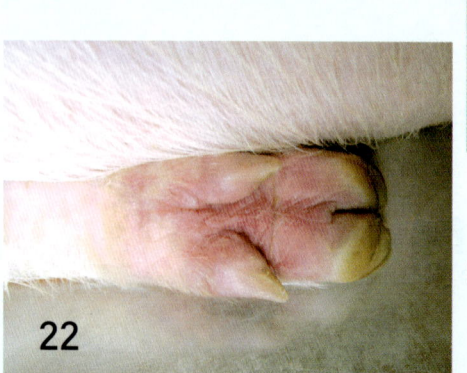

图1-81 双耳皮肤大面积溃烂

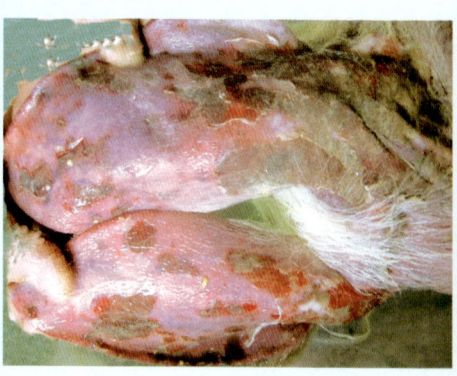

图1-82 蹄部发红

3.病理剖检变化 见图1-83至图1-106。

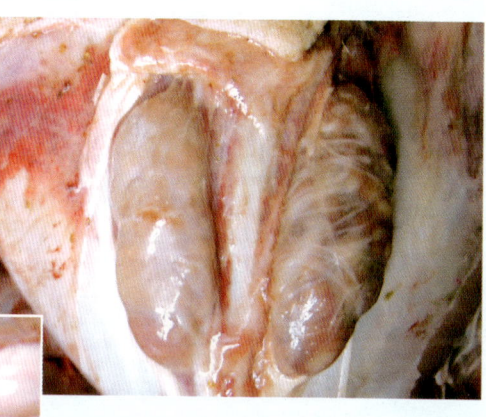

图1-83 两侧腹股沟淋巴结肿大

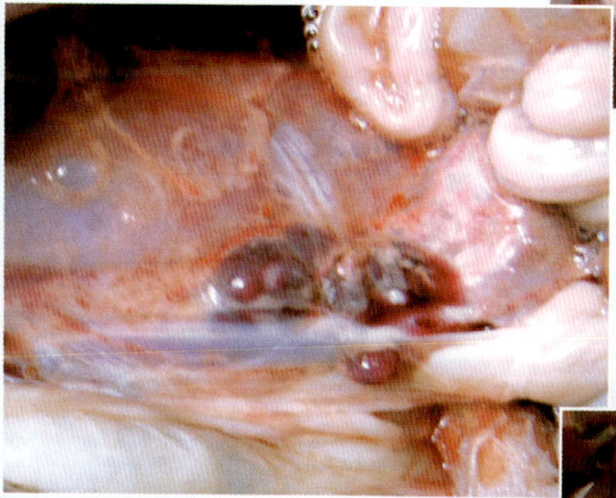

图1-84 髂内淋巴结出血

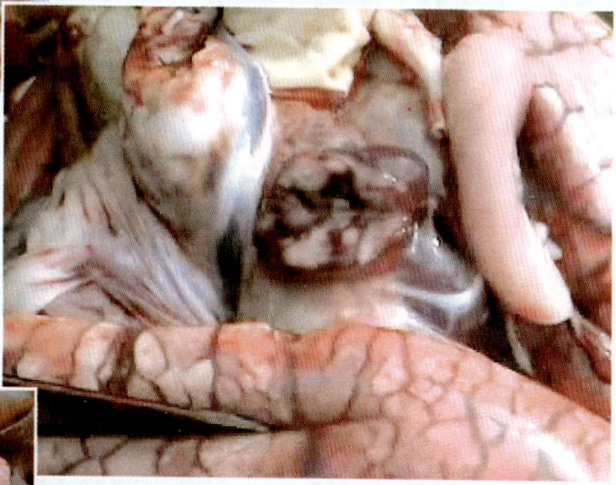

图1-85 肺门淋巴结肿大出血

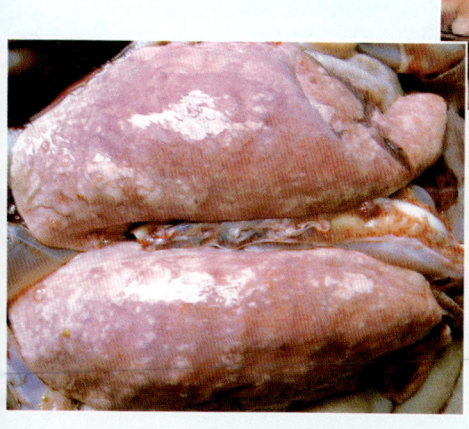

图1-86 肺暗紫色、肿大、出血,弥散性肺炎

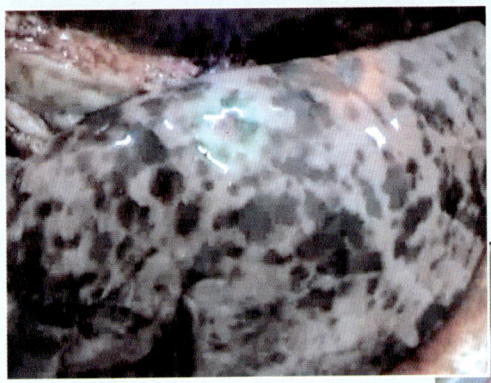

图 1-87 肺脏呈花斑状

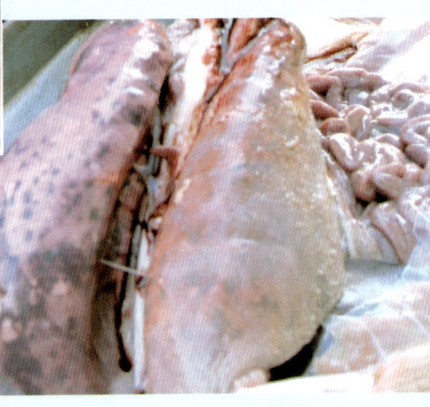

图 1-88 肺脏弥漫性出血

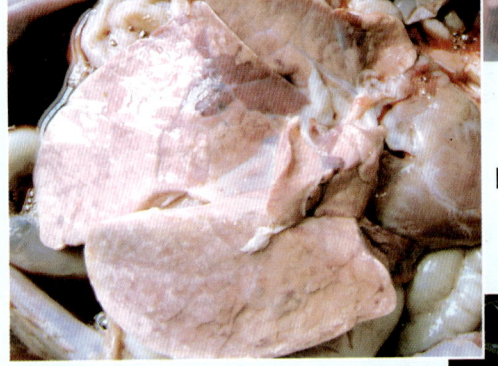

图 1-89 肺脏灰白色，有肉变

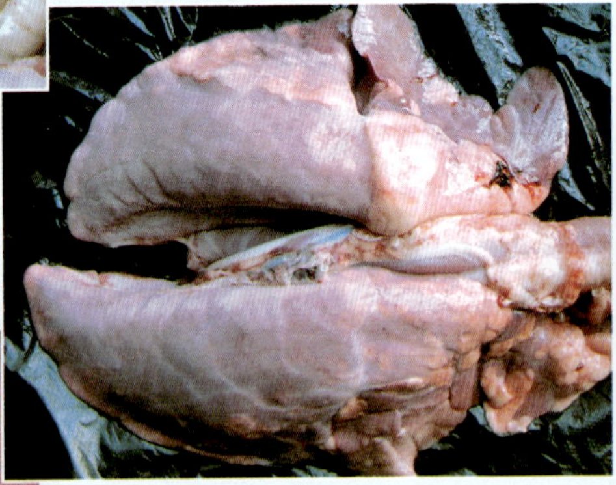

图 1-90 肺脏尖叶、心叶有肉变

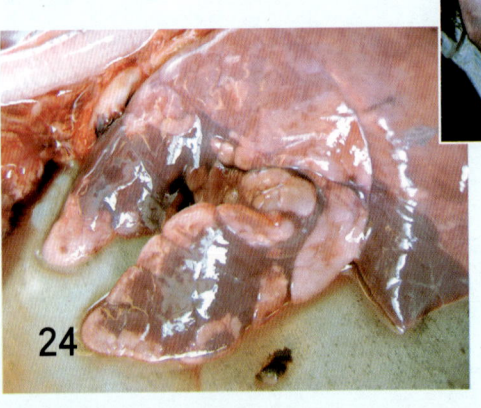

图 1-91 肺小叶肉变

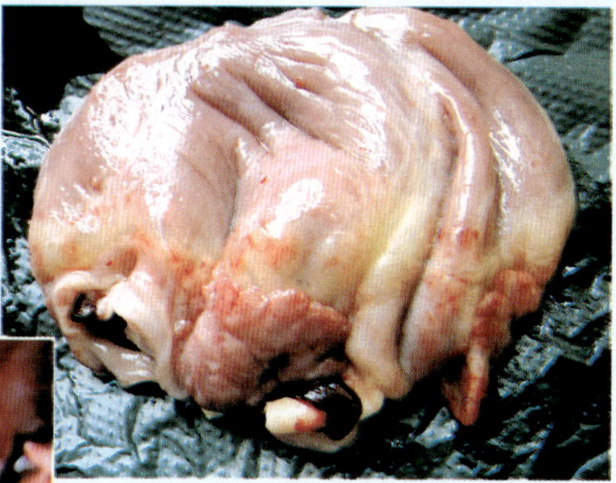

图1-92 心耳、冠状脂肪出血

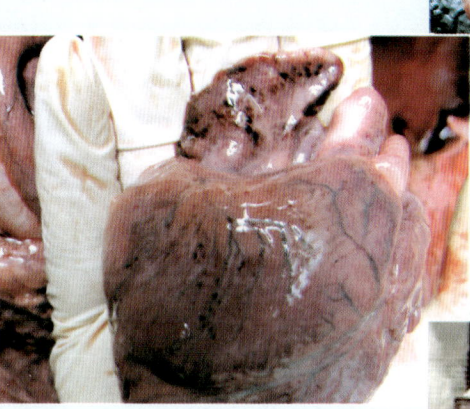

图1-93 心耳、心肌外膜有出血点

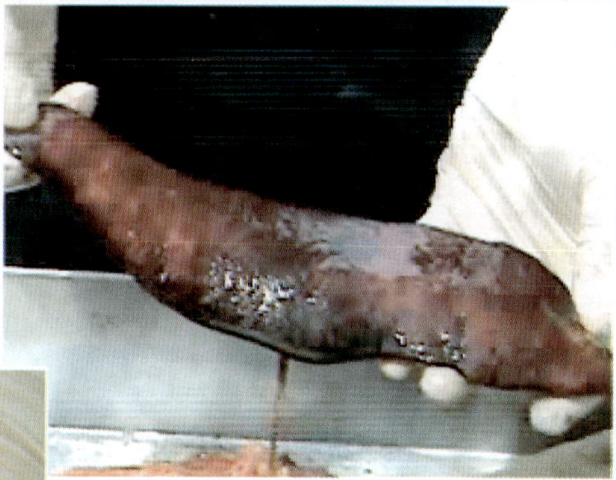

图1-94 脾脏肿大

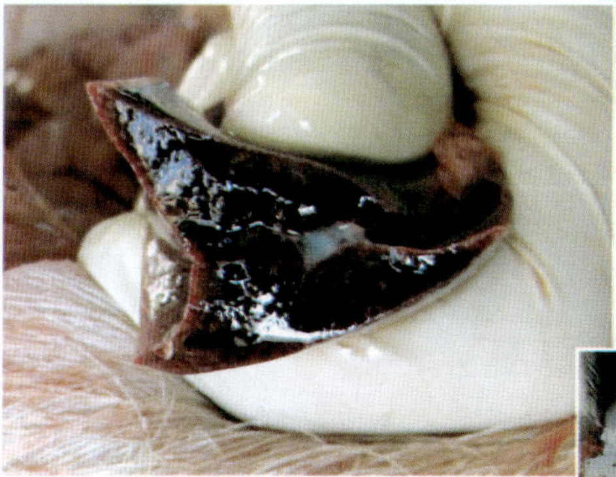

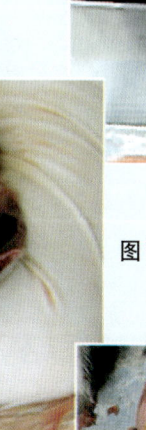

图1-95 脾脏切面出血

图1-96 肝脏变性发硬

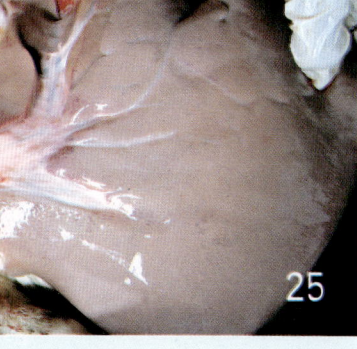

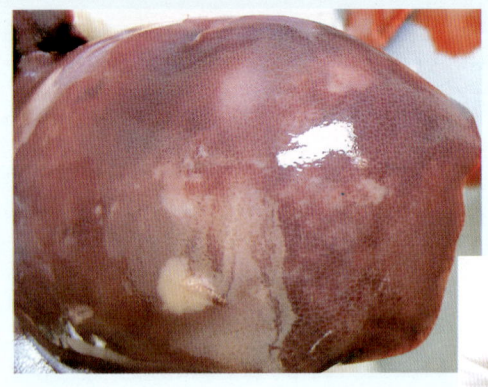

图1-97　肝脏变性、有白斑

图1-98　肝切面灰白色坏死灶

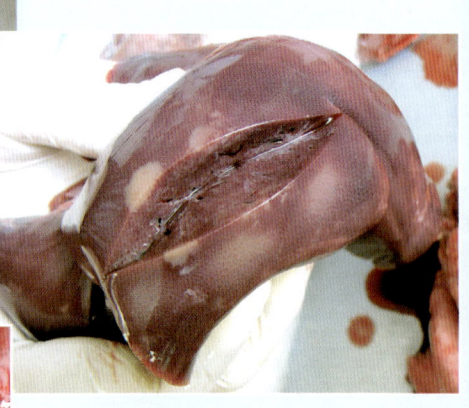

图1-99　肾脏表面有沟回、大量的出血点

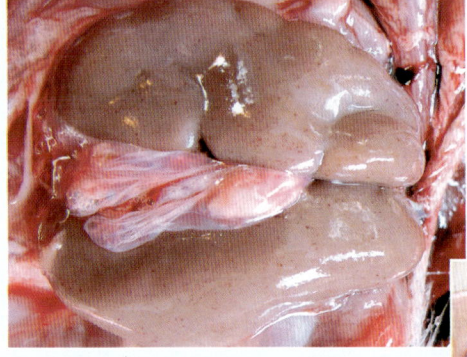

图1-100　肾脏呈花斑、有出血点

图1-101　肾皮质部的出血斑点

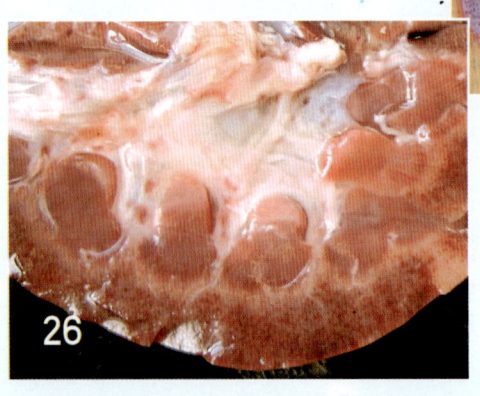

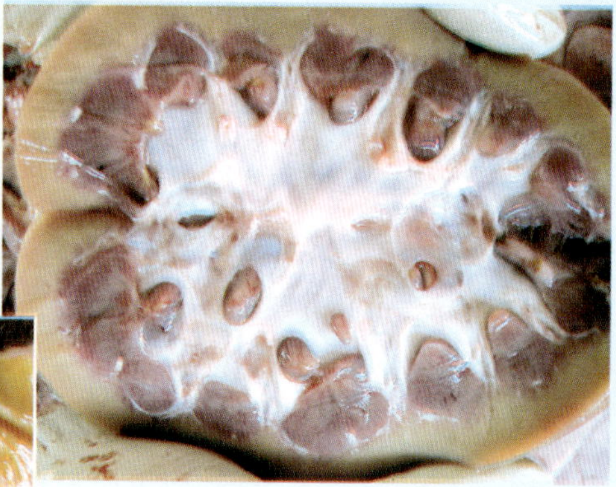

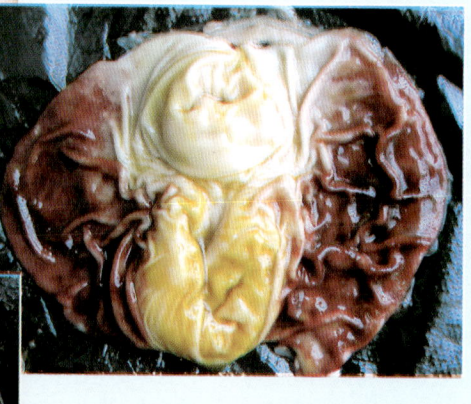

图 1-102 肾皮质发黄，乳头与髓质出血

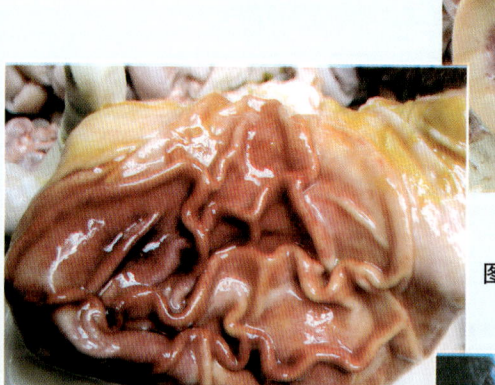

图 1-103 胃出血严重

图 1-104 胃底出血严重

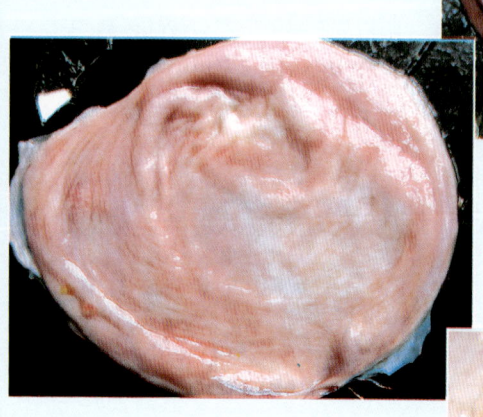

图 1-105 膀胱黏膜弥漫性出血

图 1-106 大脑充血，出血

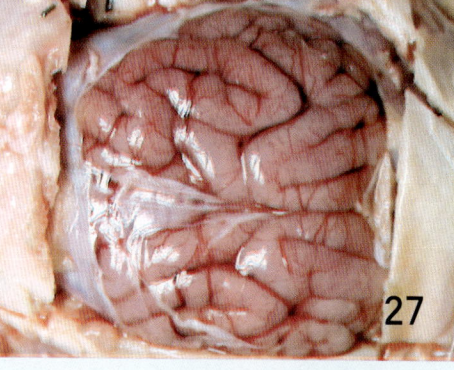

**【鉴别诊断】** 见表1-4。

表1-4 与猪繁殖与呼吸综合征的鉴别诊断

| 病　名 | 症　状 |
|---|---|
| 猪　瘟 | 呼吸较为正常。剖检可见大肠钮扣状溃疡，脾脏出血性梗死，肾和膀胱点状出血，扁桃体常见有出血和坏死，全身淋巴结呈深红色甚至紫红色 |
| 猪细小病毒病 | 初产母猪多发，并且发病母猪本身无明显症状，流产主要发生在70天以内，70天以后感染多能正常分娩 |
| 猪伪狂犬病 | 仔猪呈现体温升高、呼吸困难、腹泻及特征性神经症状。剖检胎盘和胎儿脏器有凝固性坏死 |
| 猪衣原体病 | 仔猪发生慢性肺炎，角膜结膜炎及多发性关节炎。公猪出现睾丸炎、附睾炎、尿道炎、包皮炎。母猪流产前无症状 |
| 猪日本乙型脑炎 | 仅发生于蚊虫活动季节。仔猪呈现体温升高、精神沉郁、四肢腿脚轻度麻痹等神经症状。公猪多发生一侧性睾丸肿胀。孕猪多超过预产期才分娩。剖检可见脑室内黄红色积液，脑回肿胀，出血 |
| 猪布鲁氏菌病 | 母猪流产前乳房肿胀、阴户流有黏液，产后流红色黏液。公猪发生睾丸炎。剖检子宫黏膜有黄色结节，胎盘大量出血点 |
| 猪钩端螺旋体病 | 主要发生在3～6月份，病猪表现黄疸、红尿 |
| 猪弓形虫病 | 耳部、鼻端出现淤血斑，甚至结痂。剖检体表淋巴结出血、坏死，肺膈叶和心叶出现间质水肿，实质有白色坏死灶或出血点 |

**【防治措施】** 本病目前尚无特效药物疗法，注射高免血清、特异性免疫球蛋白或病愈猪血清、基因干扰素有一定疗效。磺胺嘧啶、林可霉素、卡那霉素、泰妙菌素等药物能减少继发感染，可作为预防性药物。

做好疫苗接种工作是预防本病最有效的方法。对45～60日龄的仔猪用繁殖与呼吸综合征疫苗，每头2毫升颈部肌内注射，21天后再注射1次；母猪则在配种前10天和配种后21天各注射1次。

## 五、猪伪狂犬病

(Porcine pseudorabies, PR)

猪伪狂犬病是由伪狂犬病毒(Pseudorabies virus, PRV)引起的猪和其他动物共患的一种急性、热性传染病。

【诊断要点】

1. 流行病学　本病可感染猪、牛、羊、狗、鼠等多种动物，人偶尔也可感染。病猪和带毒猪是主要传染源，病毒通过病猪的鼻分泌物、唾液、乳汁和尿中排出。健康猪可通过与病猪和带毒猪直接接触而感染，还可以经呼吸道黏膜、皮肤的伤口及配种等发生感染，也可通过胎盘侵害胎儿。

2. 临床表现　见图1-107至图1-114。

图1-107　眼结膜充血

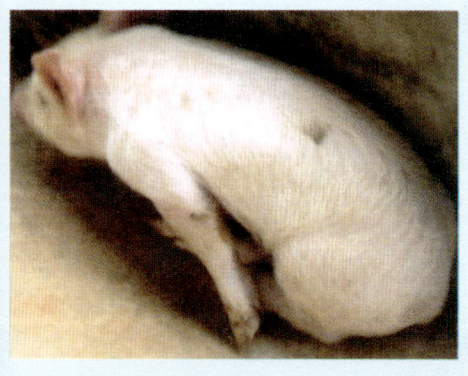

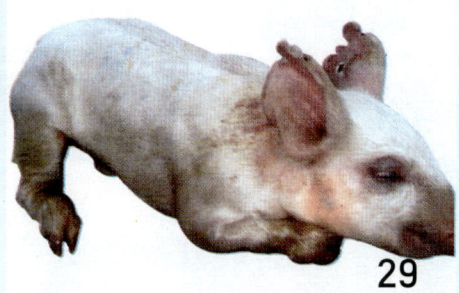

图1-108　前肢强直（徐有生）

图1-109　仔猪(14日龄)匍匐前进（孙锡斌等）

29

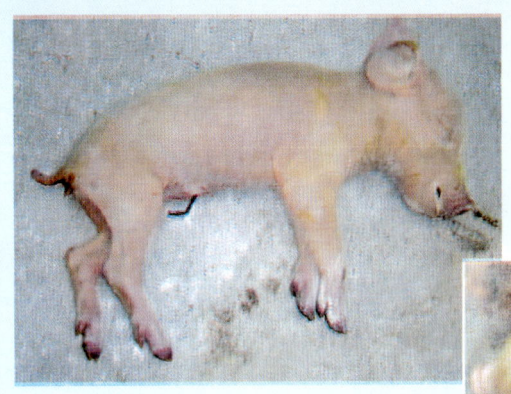

图1-110 新生仔猪口吐白沫（白挨泉等）

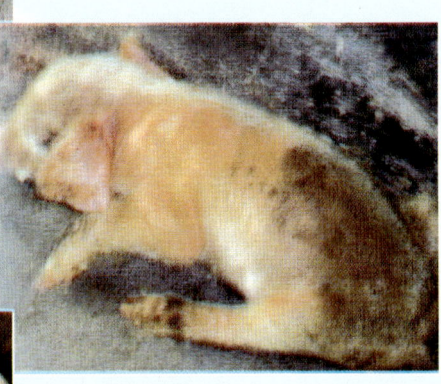

图1-111 3日龄仔猪口吐白沫（林太明等）

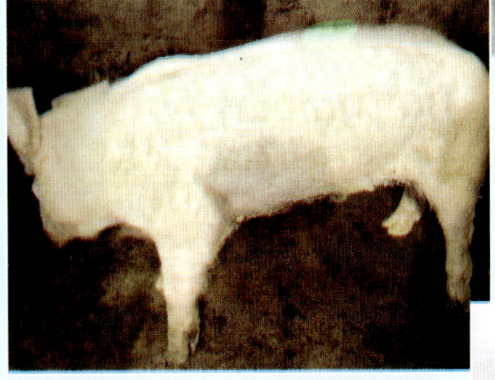

图1-112 出现转圈的神经症状（林太明等）

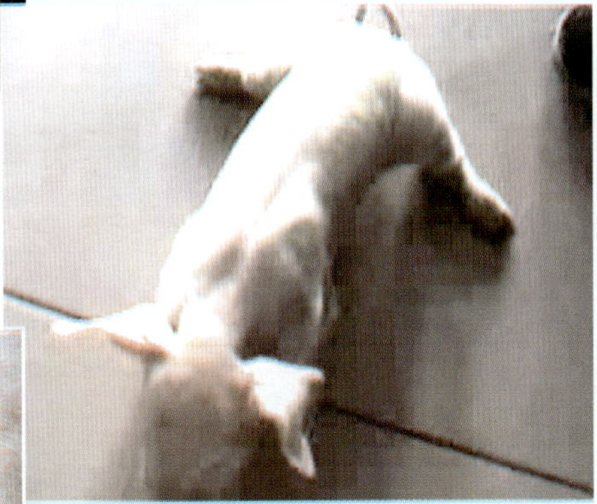

图1-113 出现劈叉姿势

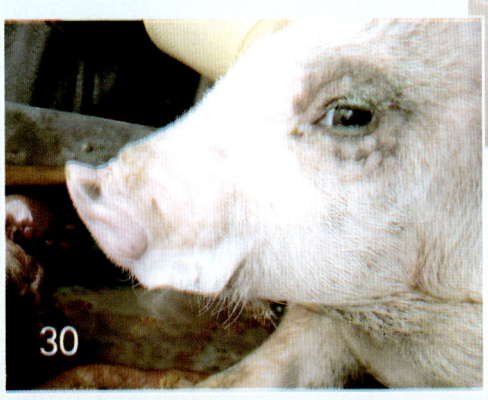

图1-114 哺乳仔猪眼结膜充血，口吐白沫

**3. 病理剖检变化** 见图1-115至图1-125。

图1-115 扁桃体出血，化脓

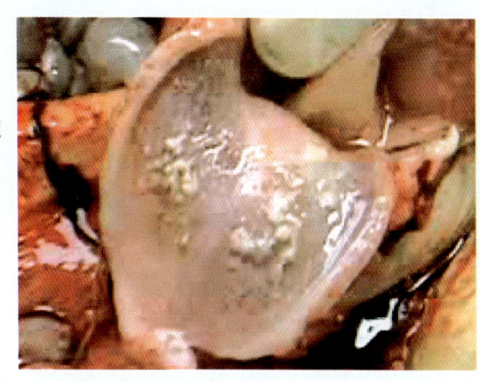

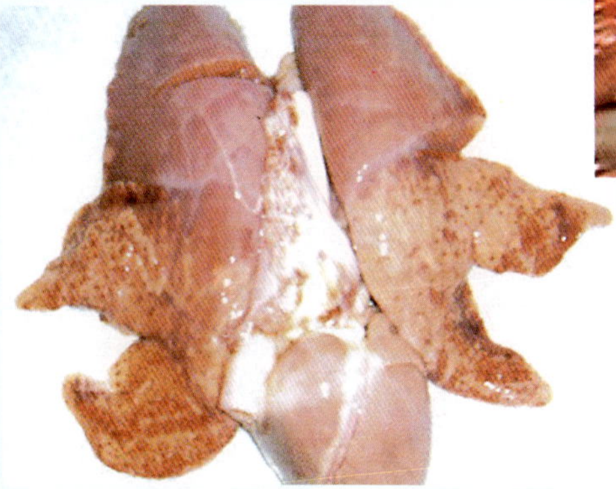

图1-116 新生仔猪肺脏形成出血斑点（白挨泉等）

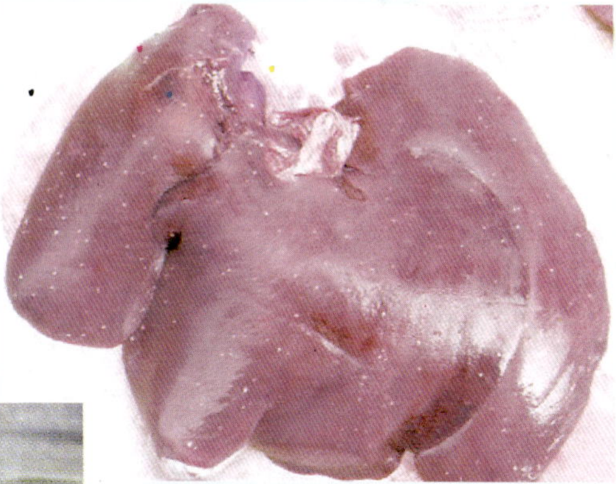

图1-117 肝脏表面白色坏死结节（白挨泉等）

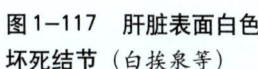

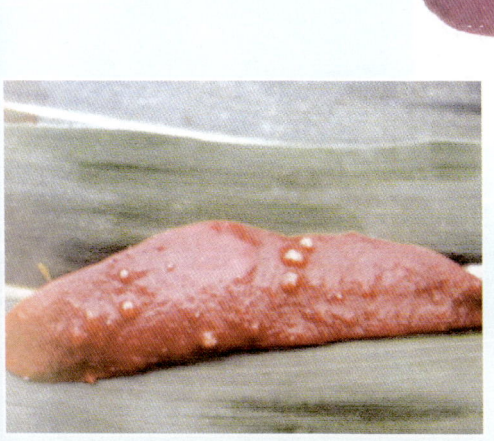

图1-118 脾脏出现坏死灶（林太明等）

31

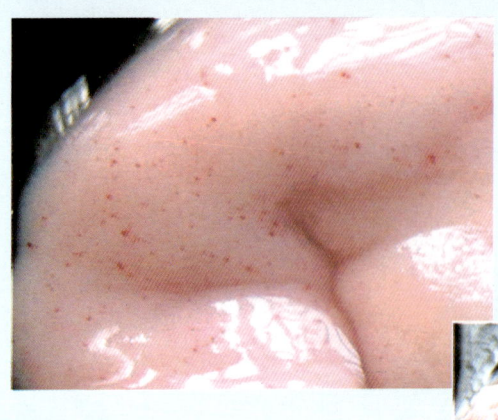

图1-119 肾表面有针尖大小出血点

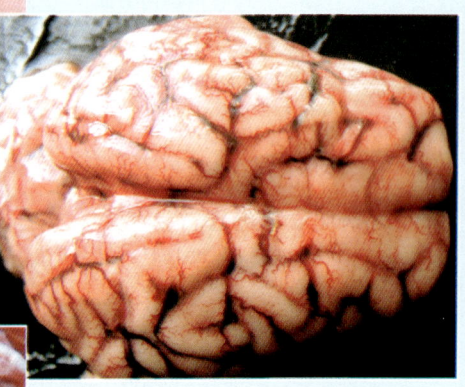

图1-120 仔猪脑膜水肿、充血、出血

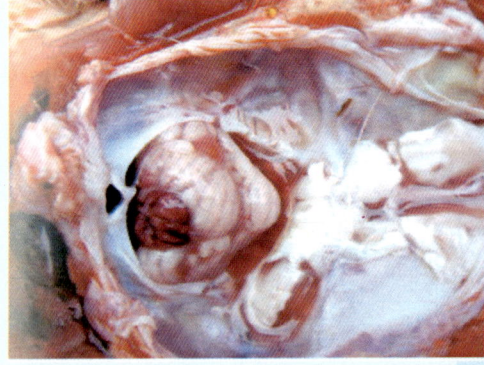

图1-121 小脑出血（白挨泉等）

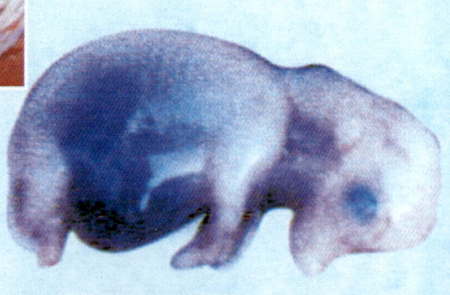

图1-122 流产的胎儿（白挨泉等）

图1-123 产下全窝木乃伊胎（徐有生）

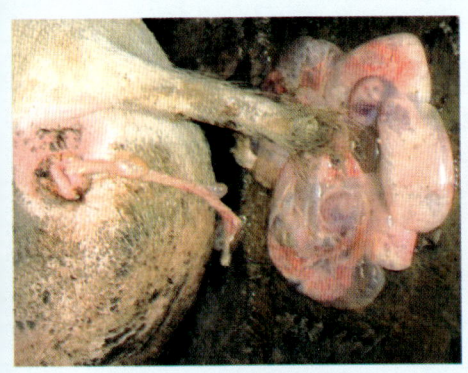

图1-124 母猪早期流产

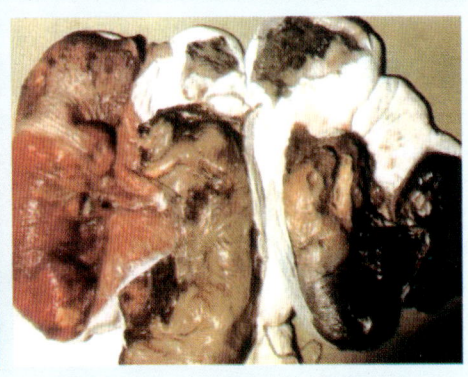

图1-125 胎盘凝固样坏死和死胎

【鉴别诊断】 见表1-5。

表1-5 与猪伪狂犬病的鉴别诊断

| 病 名 | 症 状 |
| --- | --- |
| 猪 瘟 | 便秘和腹泻交替出现。剖检全身淋巴结出血、呈大理石状，脾脏边缘有隆起的梗死灶，大肠有钮扣状溃疡 |
| 猪细小病毒病 | 初产母猪多发，并且发病母猪本身无明显症状，流产主要发生在70天以内，70天以后感染多能正常分娩 |
| 猪繁殖与呼吸综合征 | 感染猪群早期出现流感症状，仔猪高度呼吸困难、咳嗽。剖检主要病变为间质性肺炎 |
| 猪链球菌病 | 常伴有败血症和多发性关节炎症状。青霉素等抗生素治疗效果明显 |
| 猪布鲁氏菌病 | 母猪流产前乳房肿胀、阴户流有黏液，产后流红色黏液，不出现神经症状，无木乃伊胎。公猪双侧睾丸肿胀。剖检子宫黏膜有黄色结节，胎盘有大量出血点 |
| 猪李氏杆菌病 | 出现全身衰弱症状，通常1~3天死亡 |
| 猪水肿病 | 病猪脸部和眼睑水肿。剖检可见胃壁及结肠襻肠系膜水肿 |
| 猪日本乙型脑炎 | 仅发生于蚊虫活动季节。仔猪呈现体温升高、精神沉郁、四肢腿脚轻度麻痹等神经症状。公猪多发生一侧性睾丸肿胀。妊娠猪多超过预产期才分娩。剖检可见脑室内黄红色积液，脑回肿胀、出血 |
| 猪衣原体病 | 仔猪发生慢性肺炎，角膜结膜炎及多发性关节炎。公猪出现睾丸炎、附睾炎、尿道炎、包皮炎。母猪流产前无症状 |
| 猪钩端螺旋体病 | 主要发生在3~6月份，病猪表现黄疸、红尿 |
| 食盐中毒 | 体温正常，喜欢喝水。有吃食盐过多的病史 |

【防治措施】 本病目前无特效的治疗方法，一般繁殖母猪用基因缺失苗免疫，肥育猪或断奶仔猪应在2~4月龄用基因缺失苗免疫。

对于感染本病的猪，可经腹腔注射抗猪伪狂犬病高免血清进行治疗，它对断奶仔猪有明显的效果。

## 六、猪大肠杆菌病

(Swine colibacillosis)

猪大肠杆菌病是由致病性大肠杆菌感染新生幼猪而引起的一种急性传染病，主要表现为仔猪黄痢、仔猪白痢和仔猪水肿病。

【诊断要点】

1. 流行病学　仔猪黄痢主要发生于出生后1周以内的仔猪，1~3天最为常见。带菌猪是主要传染源，仔猪主要是经过消化道感染本病。没有季节性，1次发生，经久不断。

仔猪白痢是10~30日龄仔猪多发的肠道传染病，常与应激因素有关。饲料更换、气候反常、冷热不定、阴雨潮湿等均可促进本病的发生。

仔猪水肿病主要发生在断奶不久的仔猪，通过消化道传播。春、秋季节多发，主要传染源是带菌母猪和发病仔猪。

2. 临床表现

(1) 仔猪黄痢　见图1-126至图1-129。

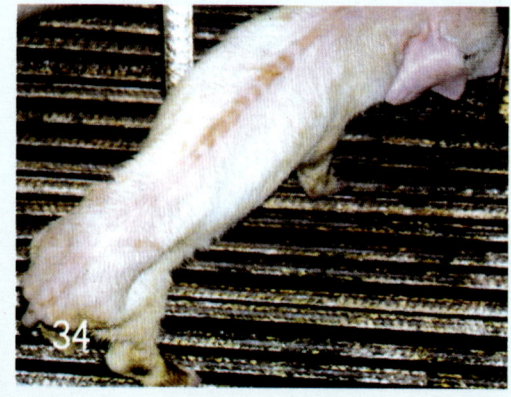

图1-126　严重脱水（白挨泉等）

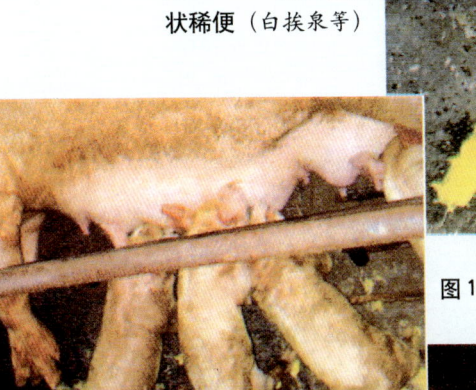

图1-127 排黄色糊状稀便（白挨泉等）

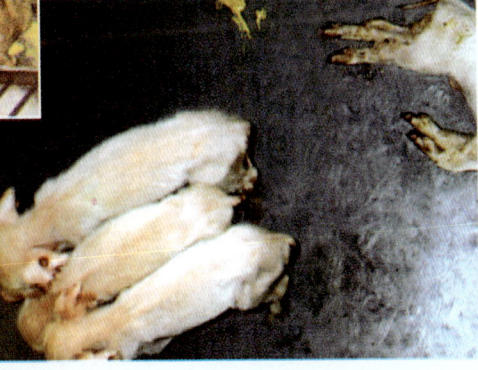

图1-128 腹泻（白挨泉等）

图1-129 新生仔猪腹泻、消瘦、脱水、衰弱、排出的粪便呈土黄色（徐有生）

(2) 仔猪白痢 见图1-130，图1-131。

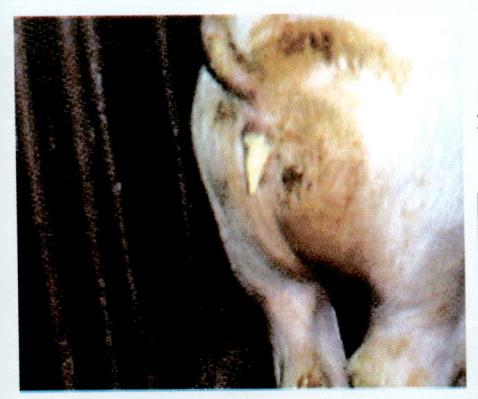

图1-130 腹泻，排出石灰浆样粪便（徐有生）

图1-131 严重腹泻，时间长久时脱水，衰弱、消瘦、站立不起（徐有生）

（3）水肿病　见图1-132，图1-133。

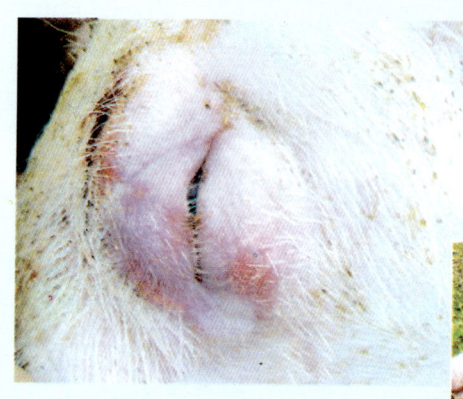

图1-132　眼水肿、淤血（白挨泉等）

图1-133　倒地、四肢乱划似游泳状（林太明等）

3. 病理剖检变化

（1）仔猪黄痢　见图1-134至图1-141。

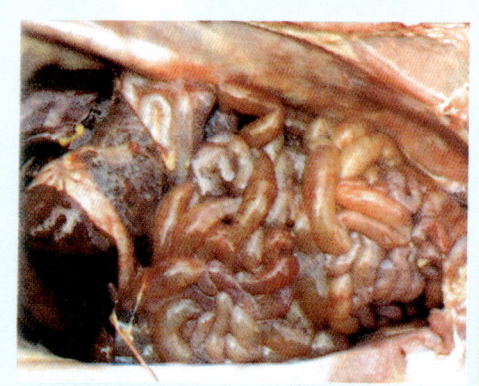

图1-134　腹腔脏器和肠黏膜上有黄白色絮状纤维蛋白附着，肠严重充血（徐有生）

图1-135　腹股沟淋巴结肿大、出血，脾肿大。肠内容物呈黄色，内有气体（徐有生）

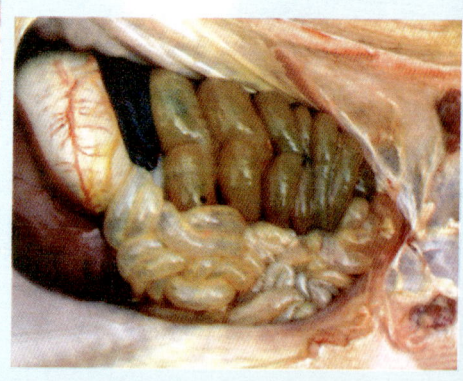

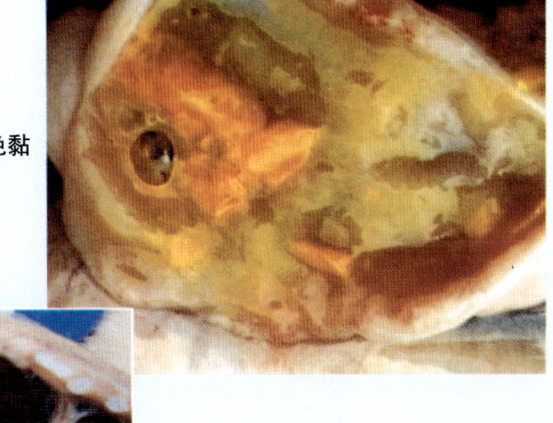

图1-136 胃内容物黄色黏稠，内有气泡（徐有生）

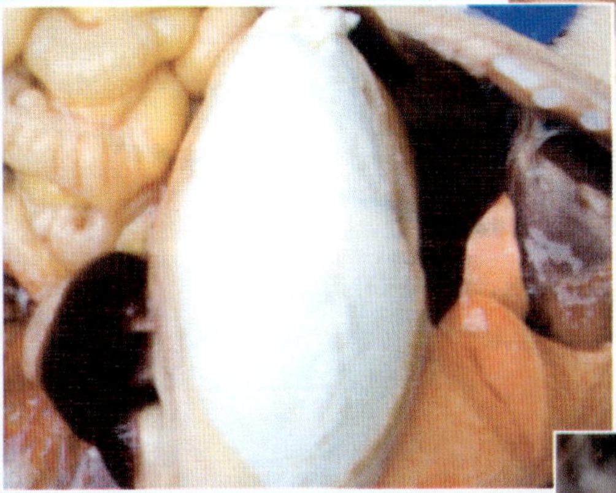

图1-137 胃内充满凝乳块（白挨泉等）

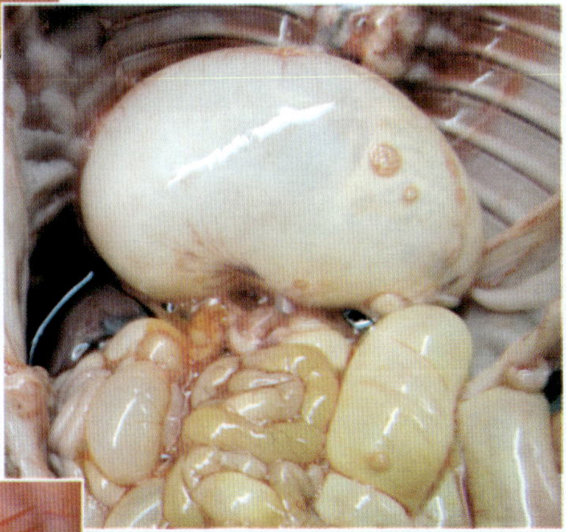

图1-138 胃、肠道充气,肠壁菲薄

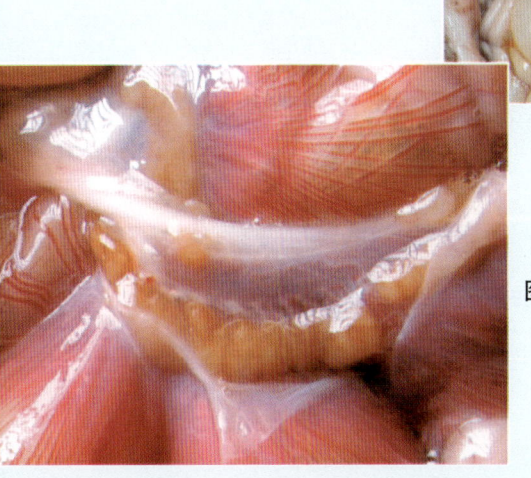

图1-139 肠系膜淋巴结出血

37

图1-140 空肠变薄充满黄色泡沫样液体

图1-141 空肠壁薄,含有黄色泡沫状内容物

(2) 仔猪白痢 见图1-142至图1-144。

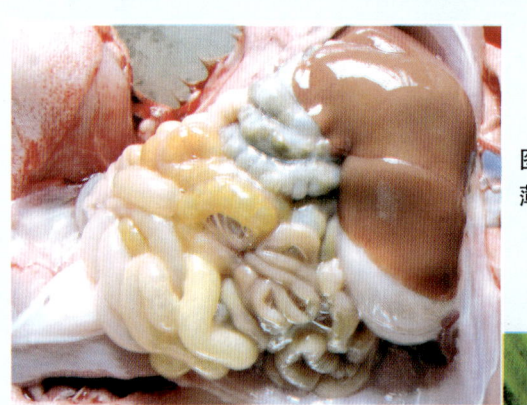

图1-142 肝脏发黄,肠壁薄,内有白色泡沫样液体

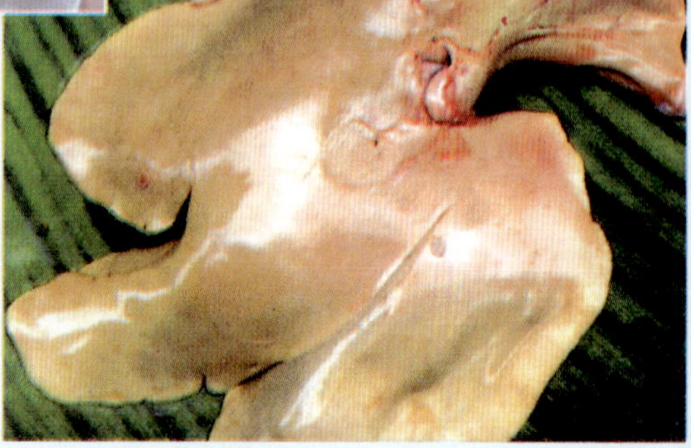

图1-143 肝脏呈土黄色,质地如胶泥(徐有生)

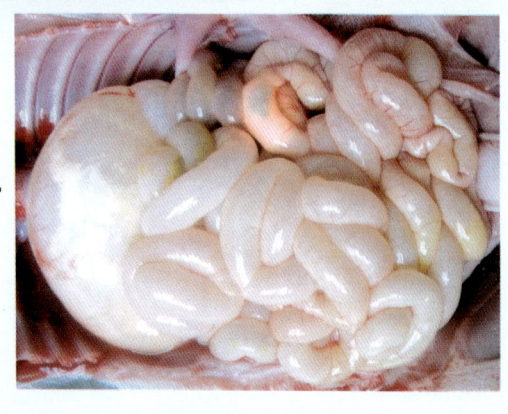

图1-144 胃、肠壁薄，充满白色泡沫样液体

（3）仔猪水肿病 见图1-145至图1-150。

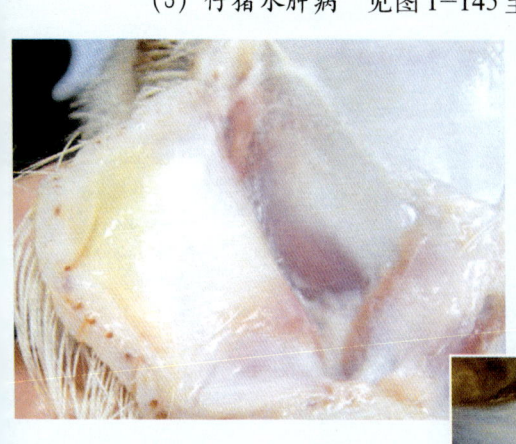

图1-145 头部皮下胶样渗出物（白挨泉等）

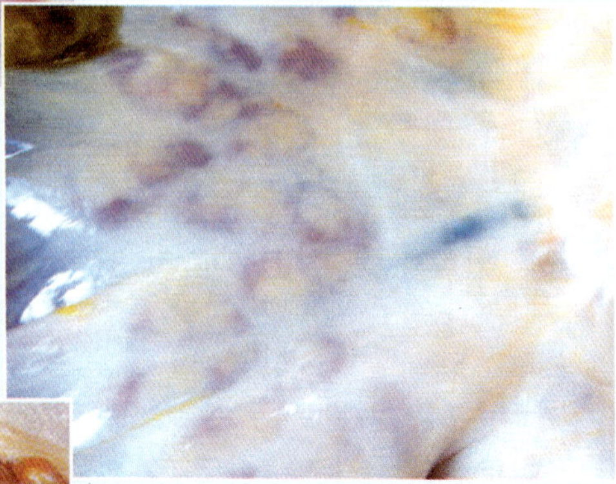

图1-146 肠系膜淋巴结肿大、出血（白挨泉等）

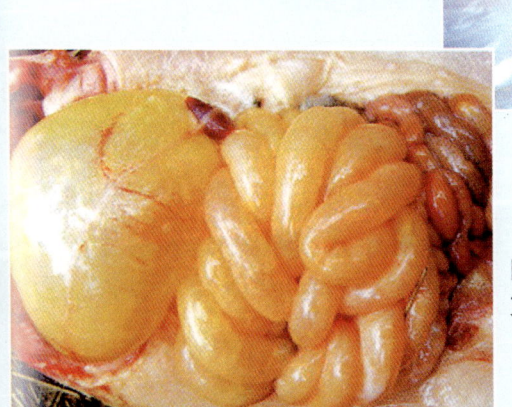

图1-147 肠臌气、充血（林太明等）

39

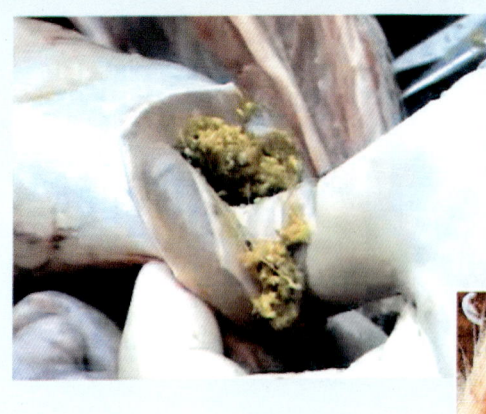

图1-148 胃壁水肿、增厚,内有胶样渗出物

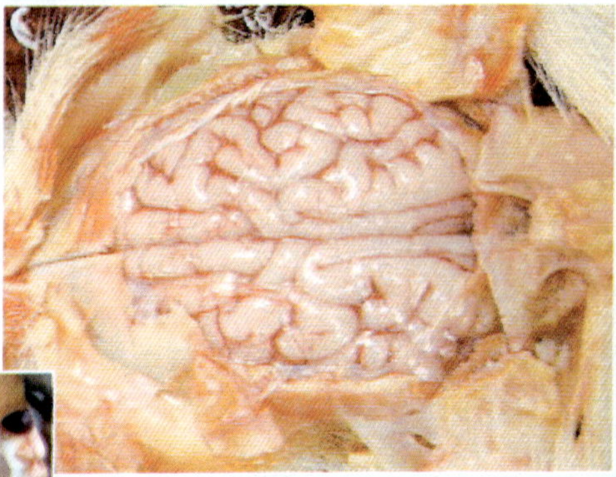

图1-149 脑水肿(白挨泉等)

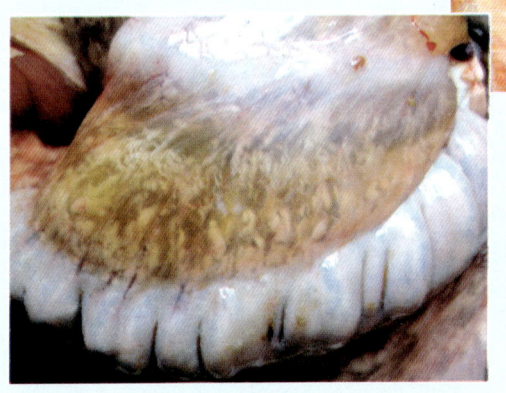

图1-150 结肠襻胶样水肿

【鉴别诊断】 见表1-6。

表1-6 与猪大肠杆菌病的鉴别诊断

| 病 名 | 症 状 |
|---|---|
| 猪传染性胃肠炎 | 剖检可见胃底黏膜潮红、溃疡、靠近幽门处有坏死区 |
| 猪流行性腹泻 | 剖检小肠系膜充血,肠系膜淋巴结水肿,肠绒毛显著萎缩 |
| 猪轮状病毒病 | 剖检肠内容物浆液性或水样,胃底不出血 |
| 猪圆环病毒病 | 伴有呼吸道症状,剖检脾脏和全身淋巴结异常肿大,肾脏有白斑,肺脏橡皮状 |

续表1-6

| 病 名 | 症 状 |
|---|---|
| 猪瘟 | 体温高，腹泻与便秘交替出现，全身呈败血症变化。慢性病猪猪回盲口可见钮扣状溃疡 |
| 猪伪狂犬病 | 体温高，眼红，昏睡，流涎，肌肉痉挛，角弓反张。剖检鼻腔、喉、咽等处有炎性浸润 |
| 猪副伤寒 | 多发于2~4月龄仔猪，粪便腥臭，混有血液和假膜，病变部位主要在大肠 |
| 仔猪红痢 | 粪便红褐色，不见呕吐。剖检病变主要在空肠，可见出血、暗红色 |
| 猪增生性肠炎 | 粪便黑色或血痢。剖检可见回肠和大肠病变部位肠壁增生变厚、肠管变粗 |
| 猪痢疾 | 黏液性和出血性下痢。剖检结肠和盲肠黏膜肿胀、出血，大肠黏膜坏死、有伪膜 |
| 仔猪水肿病 | |
| 猪圆环病毒病 | 渐进性消瘦、黄疸，病程较长。剖检可见全身淋巴结异常肿大，脾脏肿大，白斑肾，肺脏橡皮状 |
| 猪链球菌病 | 各种年龄的猪均易感，常伴有败血症变化。剖检脑膜充血、出血 |
| 硒缺乏症 | 剖检皮肤、四肢、躯干肌肉色淡，心肌横径增厚、呈桑葚样、有灰白色条纹坏死灶 |
| 维生素$B_1$缺乏症 | 体温不高，呕吐，腹泻，消化不良，运动麻痹，股内侧水肿，皮肤发绀。剖检仅见神经有明显病变 |

【防治措施】 加强对母猪的饲养管理和清洁卫生，仔猪出生后及时吃到足够的初乳，做好仔猪的保温。母猪产前可接种仔猪大肠杆菌菌苗加以预防。对于仔猪黄痢和仔猪白痢，恩诺沙星、庆大霉素、卡那霉素等药物均有治疗作用。对于水肿病，目前还缺乏特异性的治疗方法，一般用抗菌药物口服，用盐类泻剂，以抑制或排除肠道内的细菌及产物。

## 七、猪副伤寒

（Swine paratyphoid）

猪副伤寒即猪沙门氏菌病（Swine salmonellosis），是由沙门氏菌（Salmonella）引起仔猪的一种传染病。

【诊断要点】

1. 流行病学　各种年龄的猪只均可感染本病，幼龄更为易感，主要侵害断奶至4月龄的仔猪。一年四季均有发生，在多雨潮湿的季节发病较多。病猪和带菌猪是主要的传染源，可由粪便、尿、乳汁及流产的胎儿、胎衣和羊水排出病菌，经消化道传染健康猪。

2. 临床表现

（1）急性型　主要见于断奶前后的仔猪，表现为体温升高、精神沉郁、食欲废绝。出现下痢、呼吸困难等症状。耳根、后躯及腹下部皮肤有紫红色斑点。

（2）慢性型　见图1-151，图1-152。

图1-151　耳朵、颜面、肢体末梢皮肤呈弥漫性紫斑（林太明等）

图1-152　急性型病猪消瘦、耳部皮肤发绀（宣长和等）

3. 病理剖检变化
（1）急性型　见图1-153至图1-159。

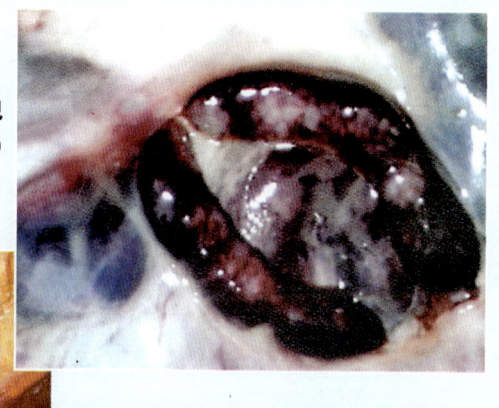

图1-153　肠系膜淋巴结肿大、出血（徐有生）

图1-154　肝脏肿大，表面有黄色坏死点（白挨泉等）

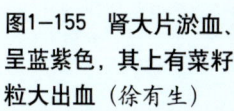

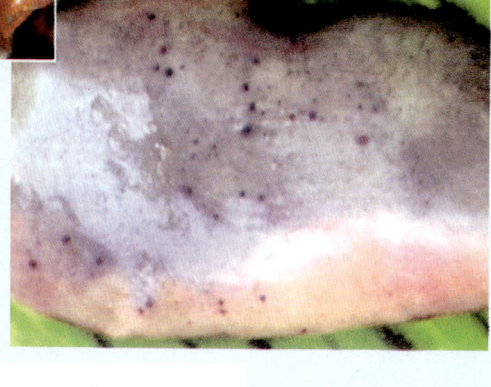

图1-155　肾大片淤血、呈蓝紫色，其上有菜籽粒大出血（徐有生）

图1-156　脾脏肿大，坚韧似橡皮样（白挨泉等）

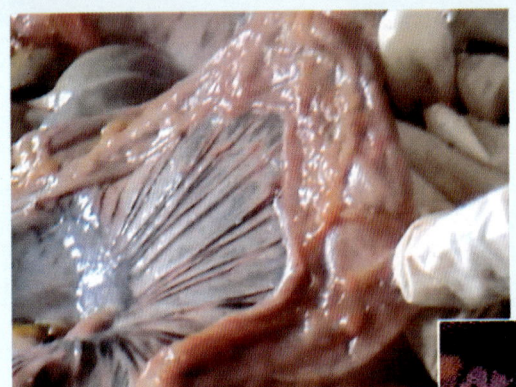

图1-157 小肠呈卡他性炎

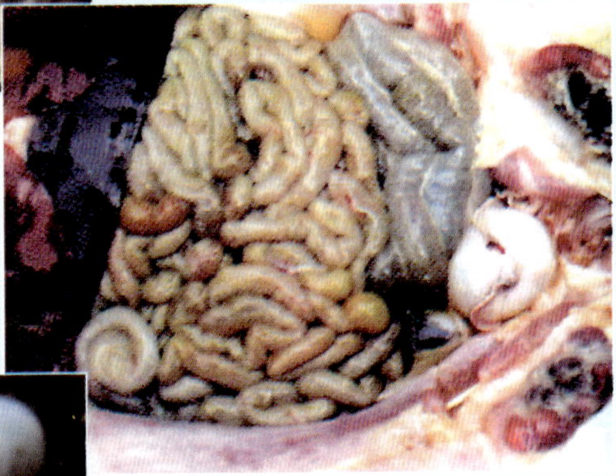

图1-158 腹股沟淋巴结肿大出血，脾肿大（徐有生）

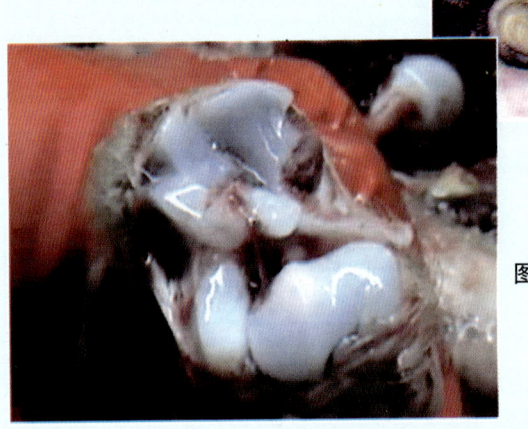

图1-159 关节有少量黏液

（2）慢性型 见图1-160至图1-167。

图1-160 肠系膜淋巴结呈索样肿，切面灰白（宣长和等）

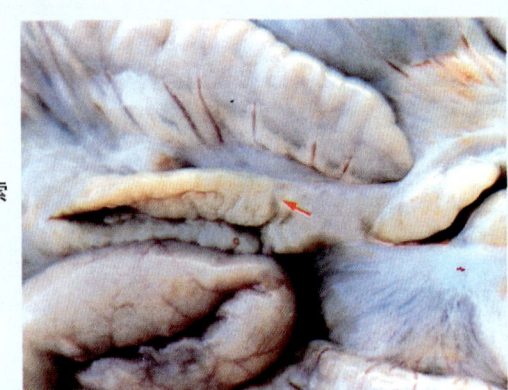

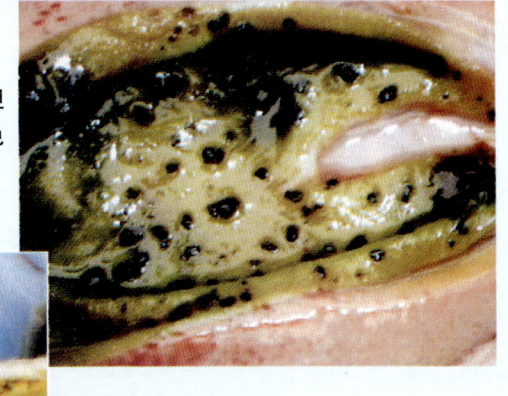

图1-161 胆汁浓稠,胆黏膜上散在芝麻粒大棕色溃烂灶和结痂(徐有生)

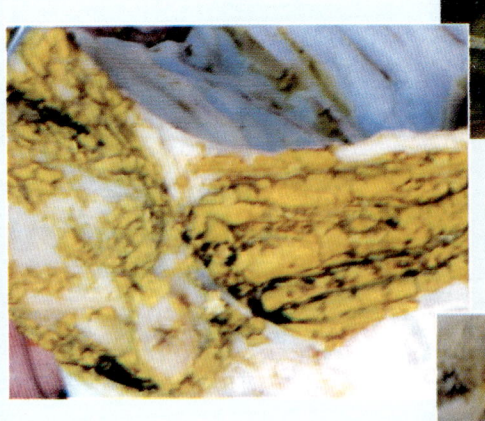

图1-162 回肠黏膜固膜性肠炎(白挨泉等)

图1-163 结肠形成假膜,肠壁增厚(白挨泉等)

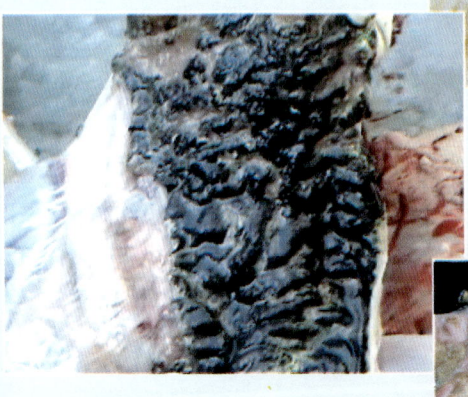

图1-164 结肠表面附着一层浅表的黑色麸状假膜

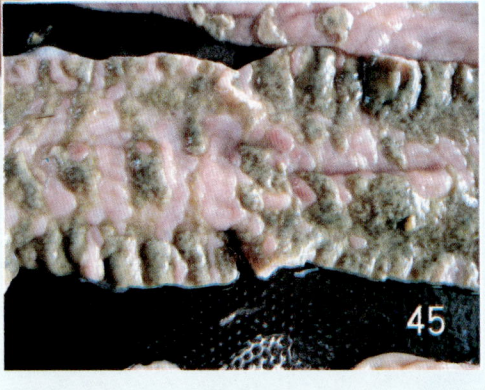

图1-165 结肠表面附着一层浅表的黄色麸状假膜

45

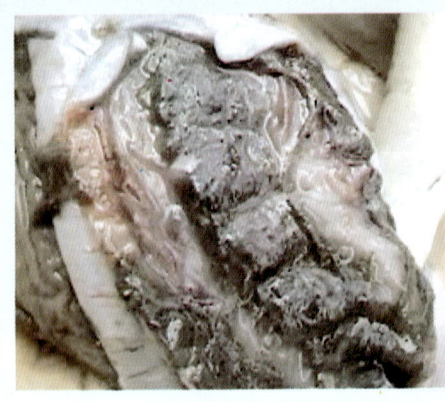

图1-166 结肠出血

图1-167 盲肠出血严重

【鉴别诊断】 见表1-7。

表1-7 与猪副伤寒病的鉴别诊断

| 病 名 | 症 状 |
| --- | --- |
| 猪瘟 | 可感染所有年龄的猪只。剖检回盲瓣有钮扣状溃疡,肾、膀胱点状出血,脾有梗死,淋巴结大理石样外观。抗生素治疗无效 |
| 猪圆环病毒病 | 伴有呼吸道症状,剖检脾脏和全身淋巴结异常肿大,肾脏有白斑,肺脏橡皮状 |
| 猪传染性胃肠炎 | 短暂呕吐,水样粪便中含有凝乳块。剖检胃黏膜充血,小肠壁薄、透明,充满泡沫状液体 |
| 猪肺疫 | 可感染所有年龄的猪只。剖检胸腔纤维素附着,肺有灰黄色、灰白色坏死灶,肝变区扩大,内含干酪样物质 |
| 猪痢疾 | 黏液性和出血性下痢,后期粪便胶冻样。剖检盲肠和结肠肿胀、出血、内容物呈酱色,大肠黏膜可见坏死、有黄色和灰色伪膜 |
| 猪附红细胞体病 | 可视黏膜充血或苍白,耳发绀,血稀。剖检皮下脂肪黄染,血液凝固不良 |
| 猪增生性肠炎 | 粪便黑色或血痢。剖检可见回肠和大肠病变部位肠壁增生变厚、肠管变粗 |

**【防治措施】** 加强饲养管理,消除发病诱因。治疗上,庆大霉素、卡那霉素等抗生素和磺胺类药物对本病均有很好的疗效。

## 八、猪丹毒

(Erysipelas suis)

猪丹毒是猪丹毒杆菌引起的一种急性、热性传染病。主要特征为高热、急性败血症、亚急性皮肤疹块、慢性疣状心内膜炎及皮肤坏死和多发性非化脓性关节炎。

**【诊断要点】**

1. 流行病学 本病主要侵害3~12月龄的猪,常为散发或地方性流行,具有一定的季节性。在北方以炎热、多雨的季节多发;南方多在冬、春季节流行。病猪经粪便、尿、唾液等将病菌排出体外,主要通过消化道和破损皮肤感染健康猪。此外,蚊、蜱等吸血昆虫也可传播本病。

2. 临床表现

(1) 急性型 病猪精神高度沉郁,体温42℃~43℃高热不退,不食不饮,结膜充血,眼睛清亮,粪便干硬有黏液(图1-168)。

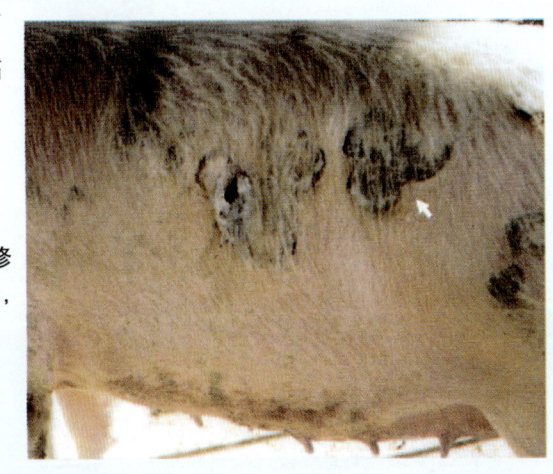

图1-168 急性猪丹毒病猪修复中形成的痂皮逐渐脱落,露出新生组织(孙锡斌等)

（2）亚急性型　病猪精神不振、口渴、腹泻，体温41℃以上（图1-169至图1-175）。

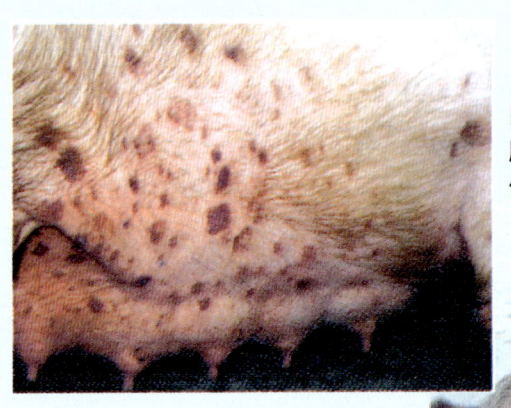

图1-169　全身布满突出皮肤表面的方形、菱形疹块，俗称"打火印"（徐有生）

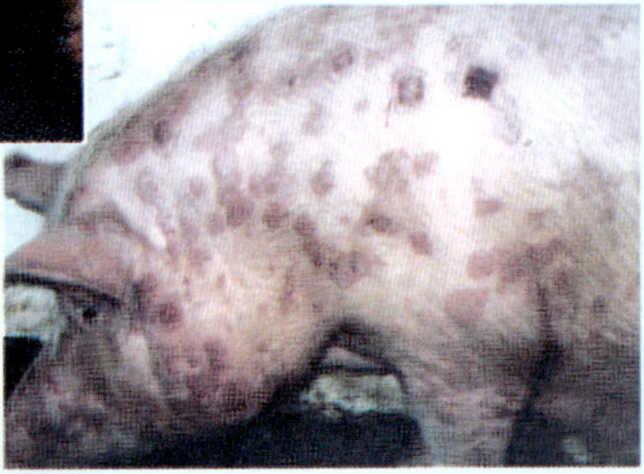

图1-170　全身散在分布凸出皮肤表面的方形、菱形疹块（孙锡斌等）

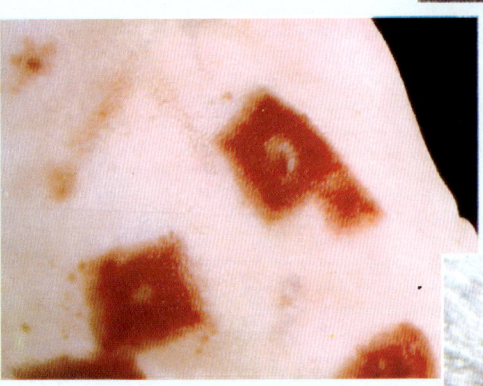

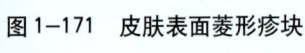

图1-171　皮肤表面菱形疹块

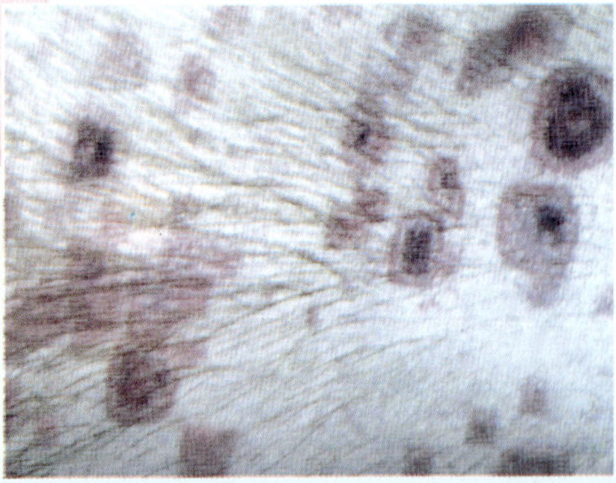

图1-172　皮肤上不同时期的疹块（孙锡斌等）

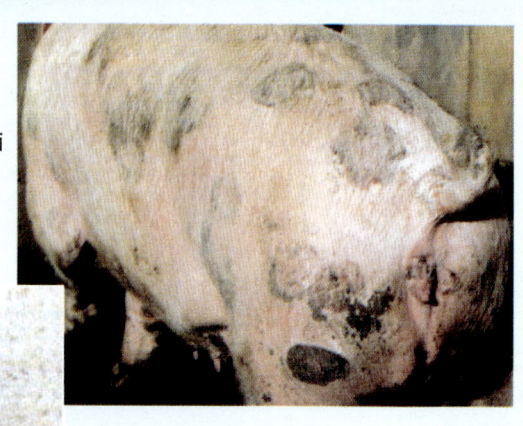

图1-173 皮肤形成的痂皮逐渐脱落（孙锡斌等）

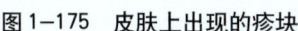

图1-174 皮肤上出现圆形疹块（白挨泉等）

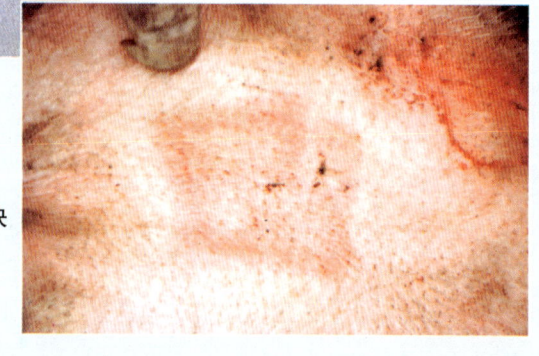

图1-175 皮肤上出现的疹块

（3）慢性型 一般表现为慢性浆液性纤维素性关节炎，慢性疣状心内膜炎和皮肤坏死。

3. 病理剖检变化

（1）急性型 见图1-176至图1-179。

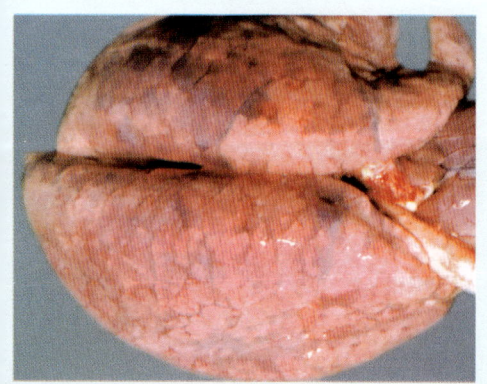

图1-176 肺呈花斑状（宣长和等）

49

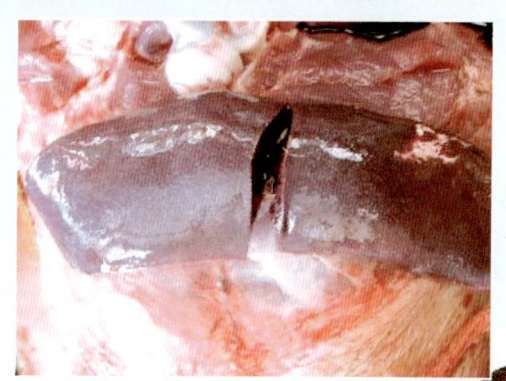

图1-177 脾充血肿大

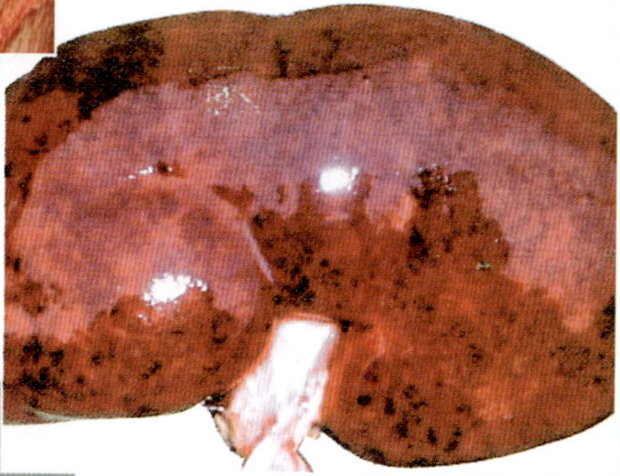

图1-178 肾淤血肿大，呈紫黑色，俗称"大紫肾"（徐有生）

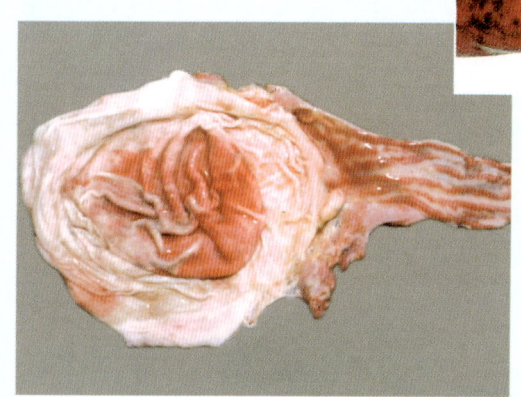

图1-179 胃底部和十二指肠初段充出血

(2) 亚急性型 具有较轻的急性型变化。特征是皮肤上出现方形、菱形和圆形的疹块。

(3) 慢性型 见图1-180至图1-183。

图1-180 主动脉瓣上的疣状赘生物（徐有生）

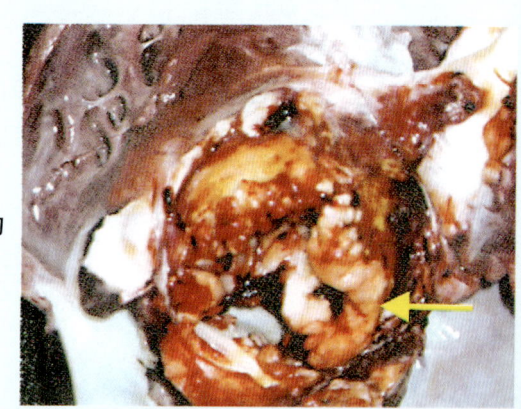

图1-181 二尖瓣上的菜花样赘生物（徐有生）

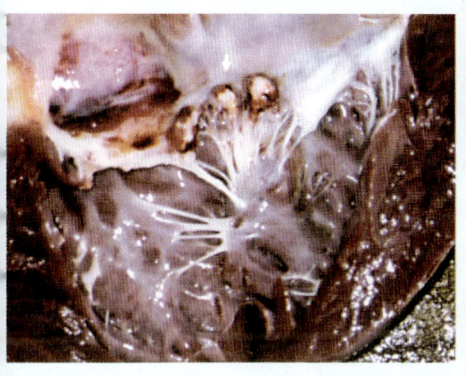

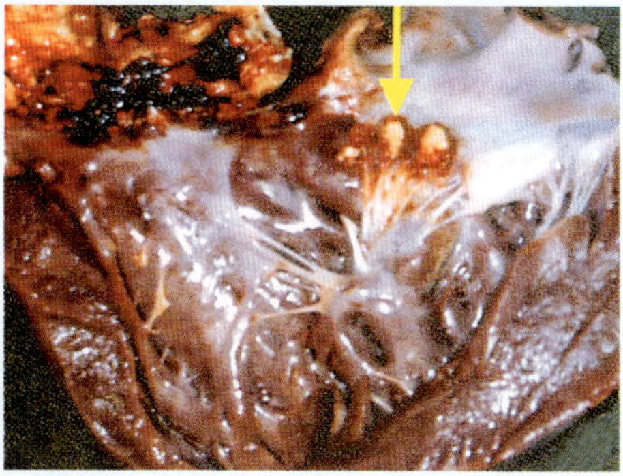

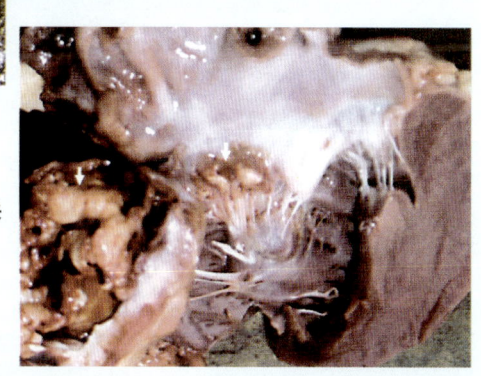

图1-182 左心房室瓣（二尖瓣）上的疣状赘生物（孙锡斌等）

图1-183 主动脉瓣和二尖瓣疣状赘生物（孙锡斌等）

【鉴别诊断】 见表1-8。

表1-8 与猪丹毒病的鉴别诊断

| 病 名 | 症 状 |
| --- | --- |
| 猪 瘟 | 表现腹泻。剖检淋巴结呈大理石状外观，脾出血性梗死，肾脏呈密集的点状出血，回盲口有钮扣状溃疡 |
| 猪流行性感冒 | 呼吸急促，阵发性咳嗽，眼流分泌物，鼻液中含有血 |
| 猪肺疫 | 咽喉部肿大，呼吸困难，咳嗽。剖检皮下有胶冻样纤维素性浆液，出现纤维素性肺炎，胸膜与肺粘连，气管和支气管有黏液 |
| 猪链球菌病 | 口、鼻流出淡红色黏液。剖检脾肿大1~3倍、呈暗红色或蓝紫色 |
| 猪弓形虫病 | 呼吸浅、快，耳根、下肢、下腹、股内侧有紫红色斑。剖检肺间质增宽、水肿，肾呈黄褐色、针尖大坏死灶，胃有出血斑、片状或带状溃疡，肠壁肥厚、糜烂、溃疡 |

【防治措施】 仔猪55～60日龄免疫接种丹毒菌苗,种猪每间隔6个月免疫1次,一般在春、秋季节。目前药物治疗本病主要使用青霉素效果最好,其次是头孢菌素、土霉素和四环素。

## 九、猪痢疾

(Swine dysentery,SD)

猪痢疾是由致病性猪痢疾蛇形螺旋体(Serpulina hyodysenteriae)引起的猪特有的一种肠道传染病。

【诊断要点】

1. 流行病学 本病可感染不同年龄、品种的猪,7～12周龄的小猪发生较多。一年四季均有发生,主要集中在4～5月份和9～10月份。病猪和带菌猪是主要传染源,经常随粪便排出大量病菌,通过消化道传染给健康猪。

2. 临床表现 见图1-184至图1-187。

图1-184 精神不振,排出红色糊状粪便,尾根、后肢被粪便沾污(林太明等)

图1-185 消瘦、下痢便血(宣长和等)

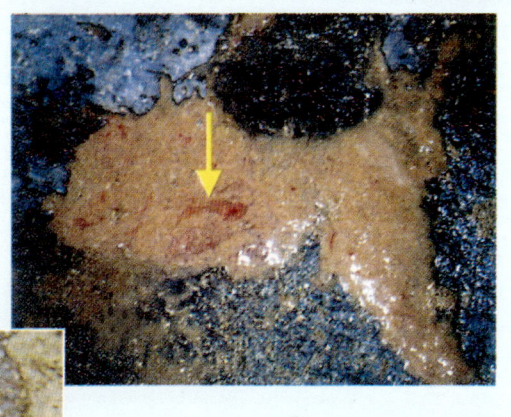

图1-186 粪便稀、呈褐色、内含血丝（徐有生）

图1-187 排出带有脱落肠黏膜的血色稀便（白挨泉等）

3.病理剖检变化 见图1-188至图1-193。

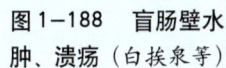

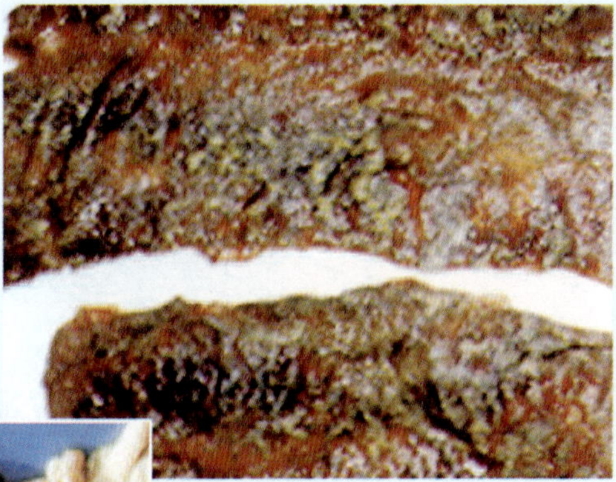

图1-188 盲肠壁水肿、溃疡（白挨泉等）

图1-189 结肠浆膜出血（白挨泉等）

53

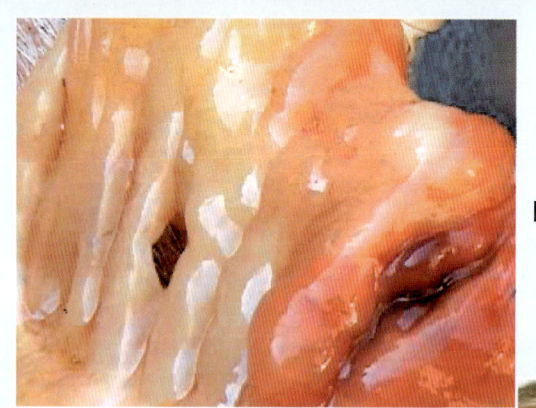

图1-190　结肠水肿出血

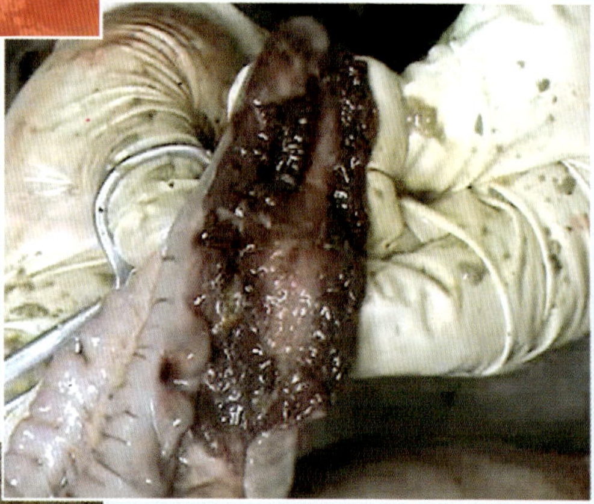

图1-191　结肠黏膜出血、坏死

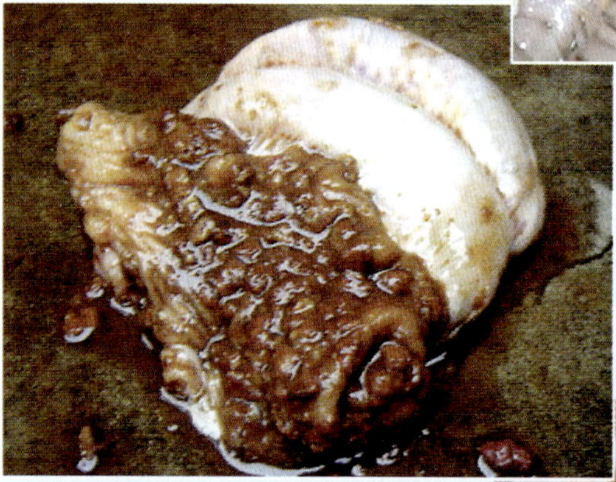

图1-192　结肠黏膜坏死并形成伪膜，呈豆腐渣样（林太明等）

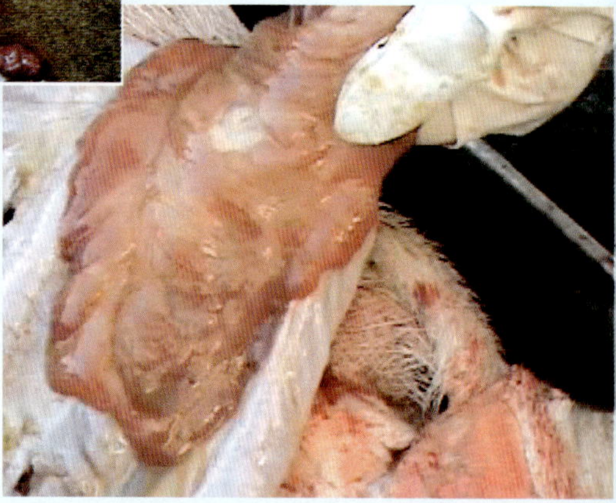

图1-193　结肠黏膜肿胀呈脑回样弥散性暗红色附有散在的出血凝块

【鉴别诊断】 见表1-9。

表1-9 与猪痢疾病的鉴别诊断

| 病 名 | 症 状 |
|---|---|
| 猪传染性胃肠炎 | 剖检可见胃底黏膜潮红、溃疡、靠近幽门处有坏死区 |
| 猪流行性腹泻 | 剖检小肠系膜充血,肠系膜淋巴结水肿,肠绒毛显著萎缩 |
| 猪圆环病毒病 | 伴有呼吸道症状,剖检脾脏和全身淋巴结异常肿大,肾脏有白斑,肺脏橡皮状 |
| 猪 瘟 | 体温高,腹泻与便秘交替出现,全身呈败血症变化。慢性病猪回盲口可见钮扣状溃疡 |
| 猪伪狂犬病 | 体温升高,流涎,兴奋,痉挛。剖检鼻、咽、扁桃体炎性水肿 |
| 猪副伤寒 | 多发于2～4月龄仔猪,粪便腥臭、混有血液和假膜,病变部位主要在大肠 |
| 仔猪黄痢 | 7日龄以上很少发病,剖检十二指肠和空肠的肠壁变薄,胃黏膜有红色出血斑 |
| 仔猪白痢 | 主要发生在10日龄至断奶,粪便白色糊状,不呕吐。剖检肠壁薄、透明,肠黏膜不见出血 |
| 仔猪红痢 | 粪便红褐色,不见呕吐。剖检病变主要在空肠,可见出血、暗红色 |
| 猪增生性肠炎 | 粪便黑色或血痢。剖检可见小肠病变部位肠壁增厚、肠管变粗 |
| 猪胃肠炎 | 病初呕吐,眼结膜潮红或黄染。胃黏膜肿胀潮红,附着黏稠、浑浊的黏液。肠内容物混有血液,肠黏膜坏死,表面形成霜样或麸皮状覆盖物,黏膜下水肿 |

【防治措施】 治疗上,肌内注射痢菌净为本病的首选药物。此外,土霉素、庆大霉素等药物也有一定疗效。

## 十、猪链球菌病

(Swine streptococcsis)

猪链球菌病是由多种链球菌感染引起不同临床症状的疾病。

主要表现为败血症、化脓性淋巴结炎、脑膜脑炎和关节炎。

【诊断要点】

1. 流行病学　不同年龄、品种的猪都可感染本病，现代集约化密集型养猪更易流行，一年四季均可发生，春、秋季多发，呈地方性流行。病猪和带菌猪是本病的主要传染源，病猪排泄物污染的饲料、饮水和物体也会使猪只经过呼吸道和消化道感染而发病。

2. 临床表现

（1）败血症型　常出现最急性型病例。往往突然死亡，或者出现不食、体温升高、精神委顿、呼吸困难、便秘、粪干硬、结膜发绀、突然倒地、口鼻流出淡红色泡沫样液体，腹下有紫红斑等症状。急性病例，常见精神沉郁、体温升高、呈稽留热、食欲减退或不食，眼结膜潮红，流泪，有浆液状鼻液，有跛行（图1-194，图1-195）。

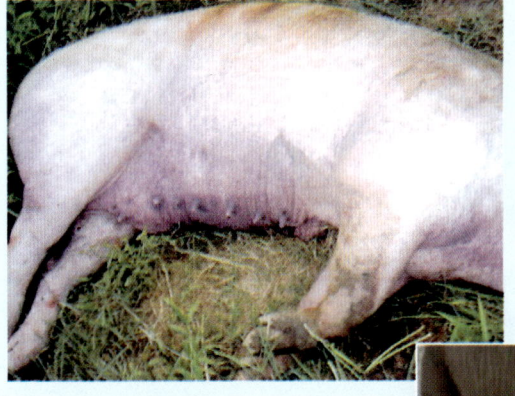

图1-194　皮肤发绀、变紫（白挨泉等）

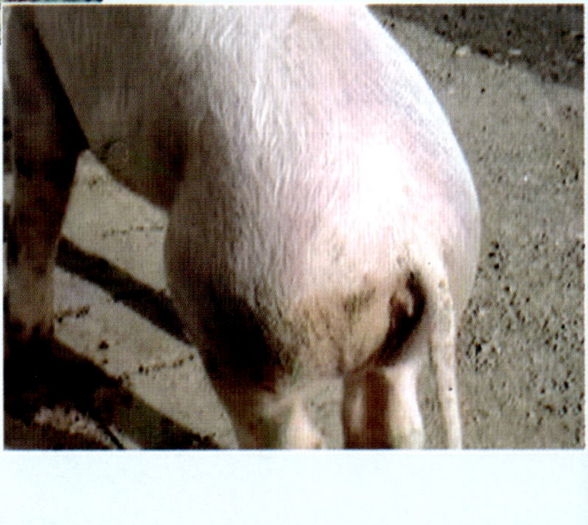

图1-195　臀部皮肤发紫

(2) 化脓性淋巴结炎型　见图1-196，图1-197。

图1-196　体表淋巴结脓肿（白挨泉等）

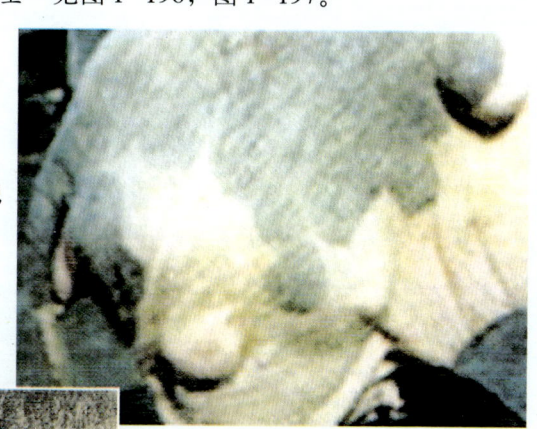

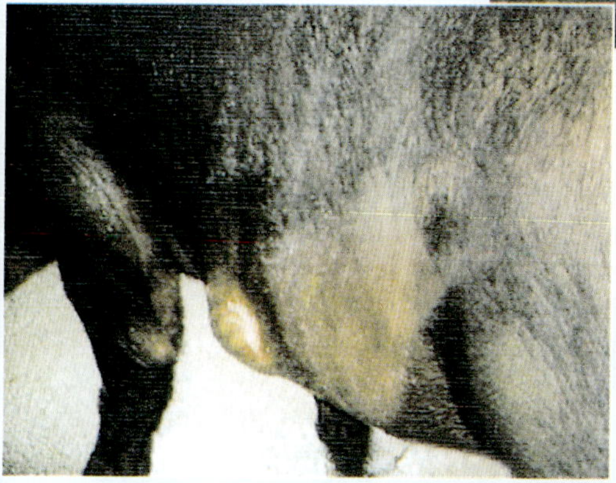

图1-197　体表皮肤脓肿（白挨泉等）

(3) 脑膜脑炎型　多见于哺乳仔猪和断奶后小猪，病初体温升高，不食、便秘、有浆液性或黏液性鼻液，继而出现神经症状，运动失调、转圈、仰卧、后躯麻痹，侧卧于地（图1-198）。

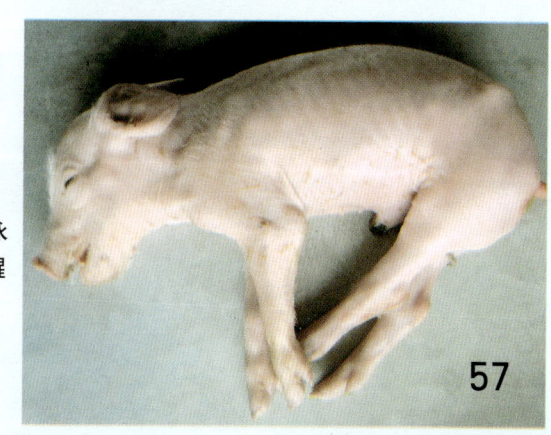

图1-198　四肢做游泳状运动，甚至昏迷不醒

（4）关节炎型　见图1-199至图1-203。

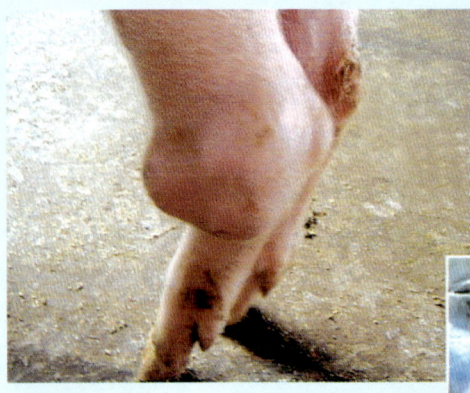

图1-199　后肢跗关节感染而肿大（林太明等）

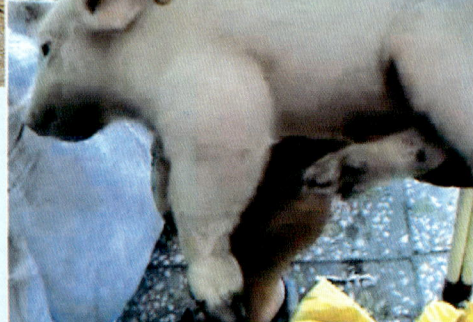

图1-200　关节肿大

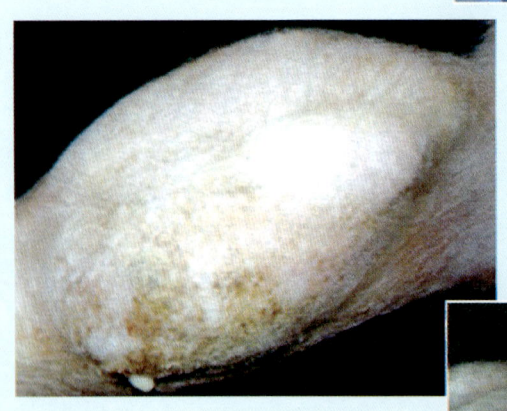

图1-201　后肢化脓性关节炎，关节肿大、流脓（白挨泉等）

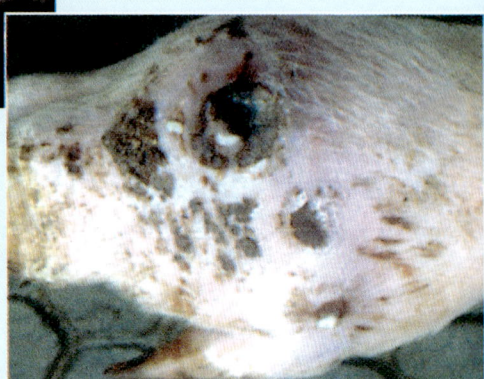

图1-202　关节炎、脓肿破溃形成多个瘘管（徐有生）

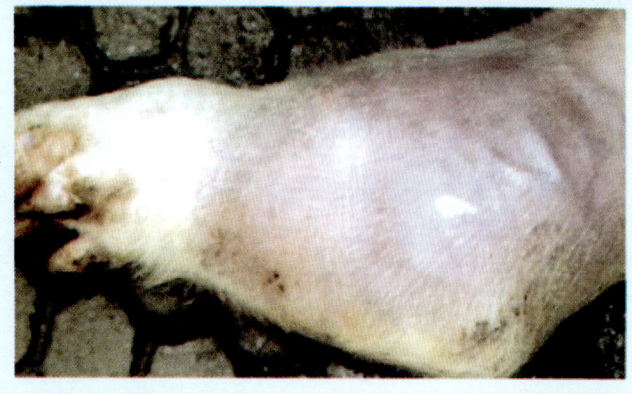

图1-203 患猪链球菌性关节炎,红肿（徐有生）

### 3. 病理剖检变化

（1）最急性型 口、鼻流出红色泡沫状液体,气管、支气管充血,充满带泡沫状液体。

（2）急性型 耳、胸、腹下和四肢皮肤有出血点,皮下组织广泛性出血。胃和小肠黏膜充血、出血,肾肿大,被膜下和切面上见出血点。胸、腹腔大量积液,有时有纤维素性渗出物（图1-204至图1-214）。

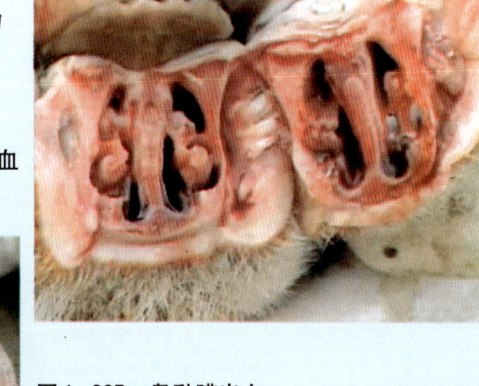

图1-204 鼻黏膜充血

图1-205 鼻黏膜出血

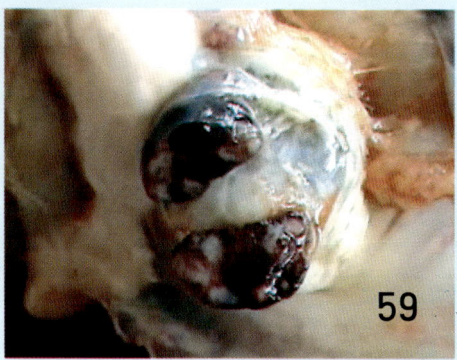

图1-206 胃门淋巴结切面出血严重

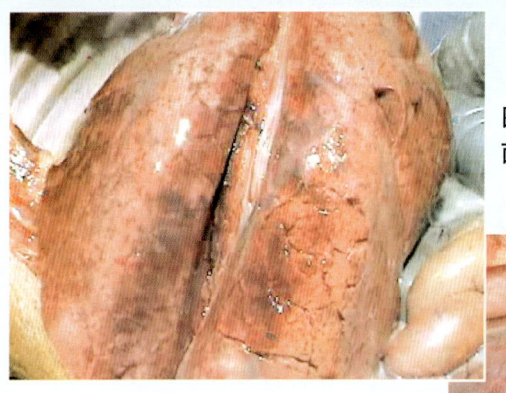

图1-207 肺脏表面有大量出血点

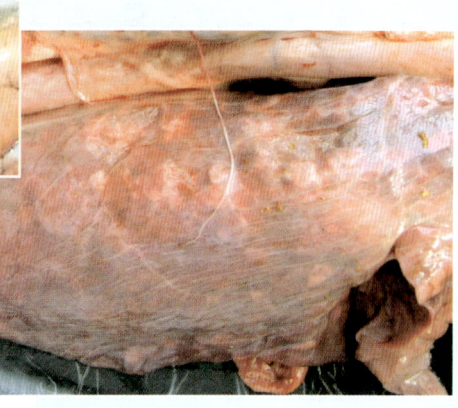

图1-208 肺脏弥漫性出血严重

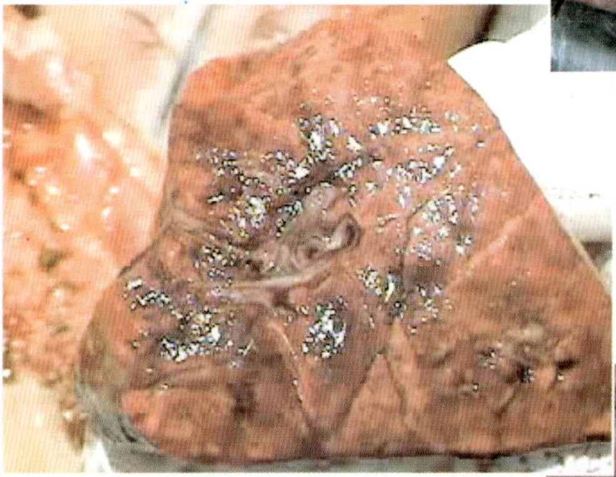

图1-209 肺脏切面出血

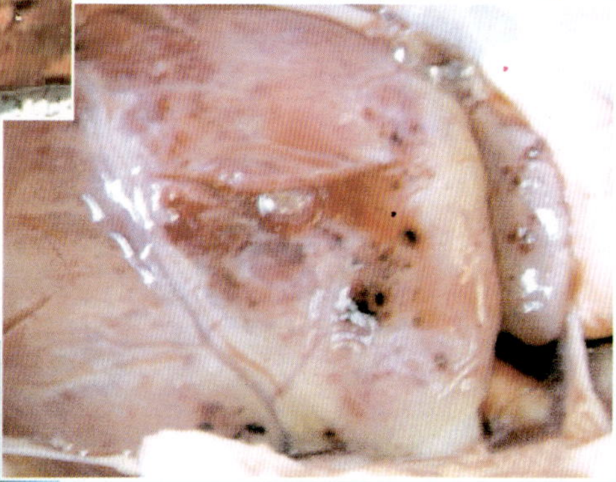

图1-210 心外膜斑点状出血（白挨泉等）

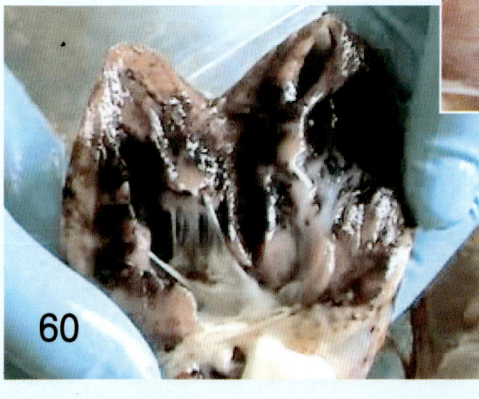

图1-211 心内膜出血严重

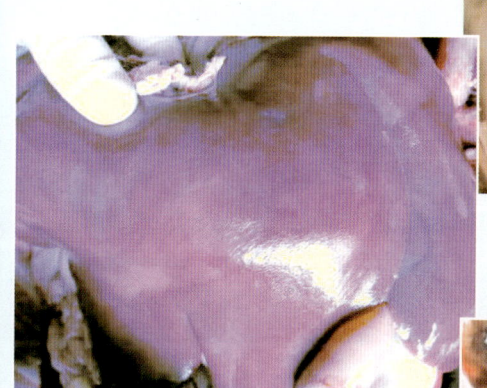

图1-212 心内膜出血,心内有赘生物

图1-213 肝脏质脆、易碎,呈蓝紫色

图1-214 脾脏肿大,发紫

(3) 脑膜脑炎型 见图1-215至图1-217。

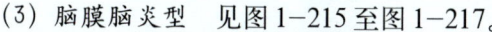

图1-215 脑严重出血

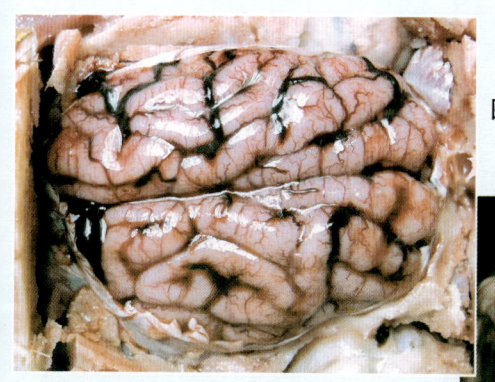

图1-216 脑出血严重

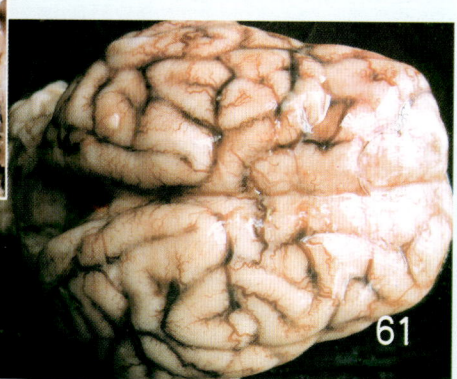

61

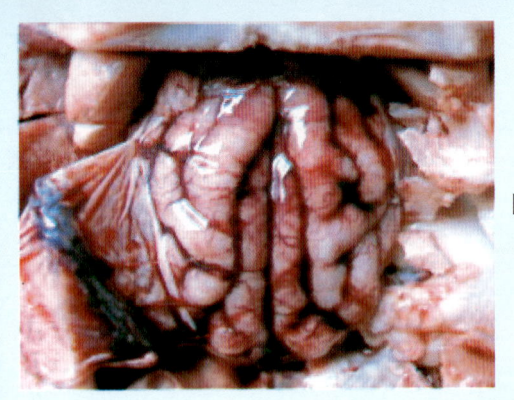

图1-217 大脑充血,出血

(4) 关节炎型 见图1-218至图1-221。

图1-218 腕关节内有红色关节液

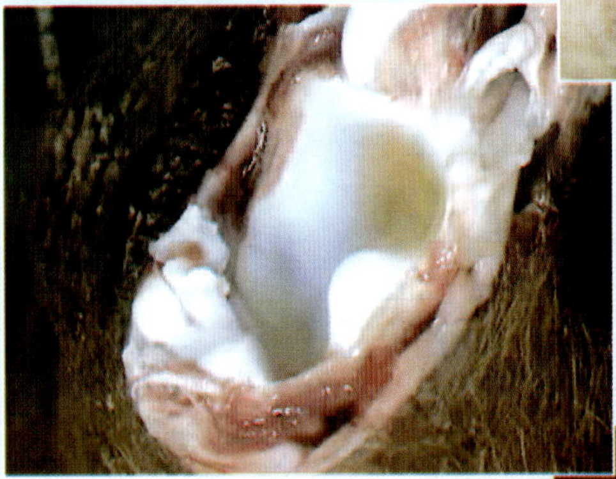

图1-219 关节内有少量黄色关节液

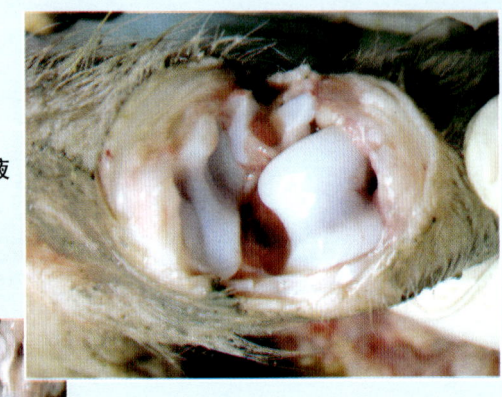

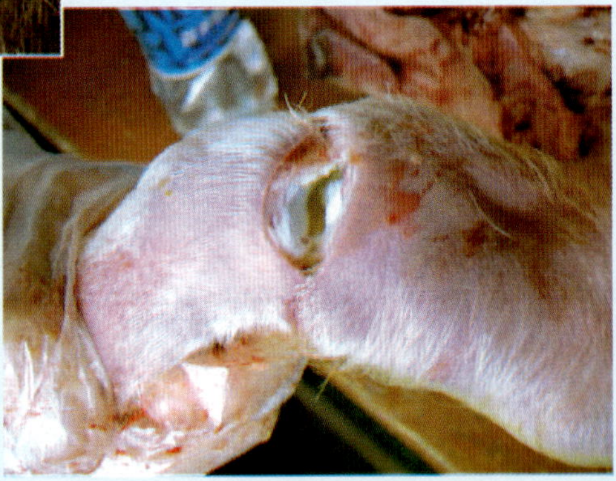

图1-220 跗关节炎,关节腔内四周有黄褐色胶冻液

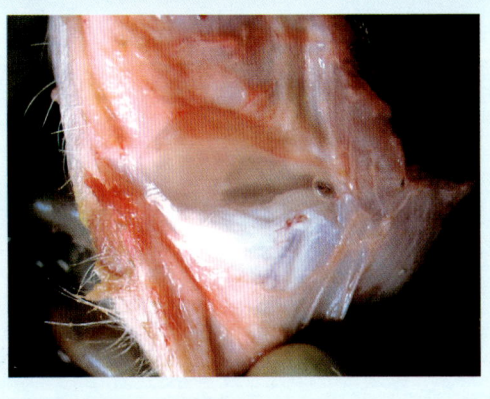

图1-221 膝关节关节液增多，浑浊

(5) 化脓性淋巴结炎型 可见淋巴结出现化脓灶。

【鉴别诊断】 见表1-10。

表1-10 与猪链球菌病的鉴别诊断

| 病 名 | 症 状 |
| --- | --- |
| 猪丹毒 | 全身皮肤潮红，有圆形、方形、菱形高出周边皮肤的红色或紫红色疹块。剖检脾松软、呈樱红色或暗红色，淋巴结肿胀、切面灰白色 |
| 猪 瘟 | 病猪出现脓性结膜炎，腹泻与便秘交替出现，粪便恶臭。剖检脾边缘有梗死，回盲肠有钮扣状溃疡，肾、膀胱、直肠黏膜有密集出血点，肠淋巴结肿胀、紫红色。抗生素药物治疗无效 |
| 猪肺疫 | 咽喉部肿大，呼吸困难，咳嗽。剖检皮下有胶冻样纤维素性浆液，出现纤维素性肺炎，胸膜与肺粘连，气管和支气管有黏液 |
| 猪李氏杆菌病 | 头颈后仰，四肢张开呈观星状。剖检脑膜、脑实质充血、发炎、水肿，脑脊髓液增加，血管周围细胞浸润 |
| 猪弓形虫病 | 皮肤局限性红紫斑。剖检肺间质增宽、水肿，肾呈黄褐色、针尖大坏死灶，胃有出血斑、片状或带状溃疡，肠壁肥厚、糜烂、溃疡 |

【防治措施】 在治疗本病时，应根据不同的病型进行相应治疗。化脓性淋巴结炎型可将肿胀部位切开，排出脓汁，用高锰酸钾溶液冲洗后，涂以碘酊，几天可愈。急性型病例早期使用抗生素或磺胺类药物疗效较好。

## 十一、猪增生性肠炎

### (Hyperplastic enteritis of piglets, PPE)

猪增生性肠炎又称为猪回肠炎、猪坏死性肠炎、猪腺瘤病等，是由猪细胞内劳森菌所引起的一组具有不同特征性病理变化的疾病群。主要特征为血痢、脱水及生长缓慢。

【诊断要点】

1. 流行病学　本病可感染不同年龄、品种的猪，以6～20周龄、白色品种的猪较易感。病猪和带菌猪通过粪便排出病原菌，经消化道传染给健康猪只，临床上多数猪呈隐性感染。气候骤变、长途运输、更换饲料等应激因素可成为本病的诱因。

2. 临床表现

（1）急性型　病猪一般突然死亡，大部分死亡前排焦黑色粪便或血痢。慢性型主要表现为食欲减退、腹泻、粪便呈糊状或水样。体重下降、生长缓慢，脱水，被毛粗乱。

（2）隐性型　一般无明显临床症状，偶见轻微腹泻，但生长缓慢（图1-222至图1-224）。

图1-222　患猪排出的消化不良稀便（白挨泉等）

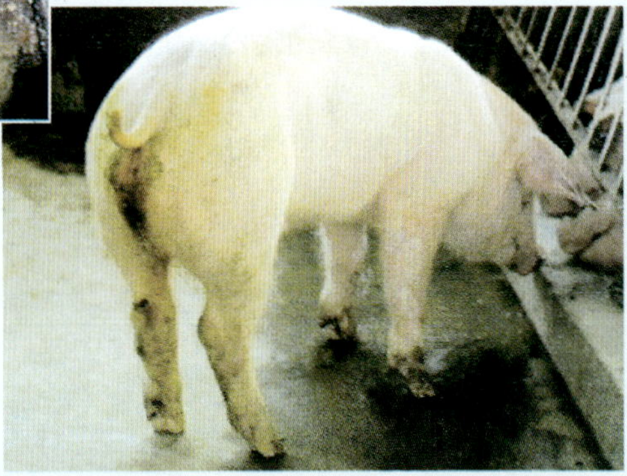

图1-223　病猪排黄色、饲料状粪便（林太明等）

图1-224 猪营养不良，皮肤苍白（白挨泉等）

3. 病理剖检变化 见图1-225至图1-234。

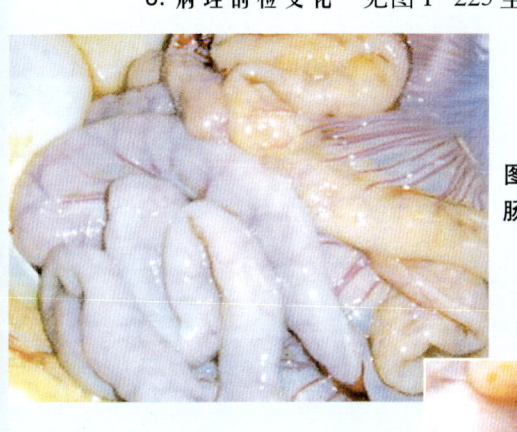

图1-225 回肠肠管变粗，肠壁增厚（白挨泉等）

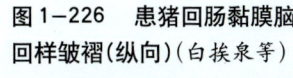

图1-226 患猪回肠黏膜脑回样皱褶(纵向)（白挨泉等）

图1-227 患猪结肠形成假膜，肠壁增厚（白挨泉等）

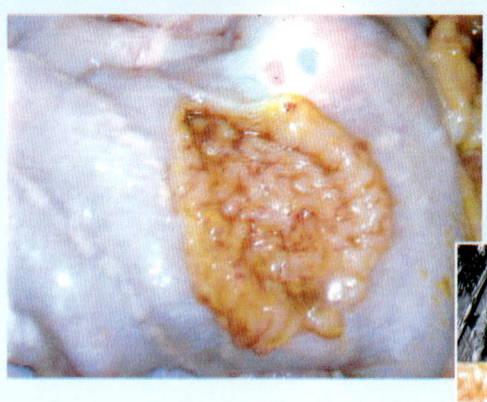

图1-228 结肠黏膜点状出血（白挨泉等）

图1-229 回肠黏膜增生

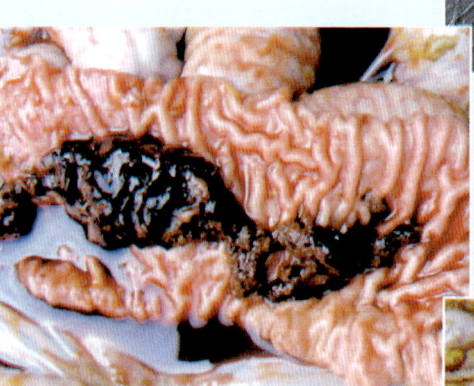

图1-230 肠腔内充满血性粪便（白挨泉等）

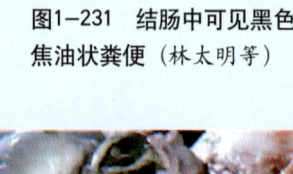

图1-231 结肠中可见黑色焦油状粪便（林太明等）

图1-232 结肠肠管变粗

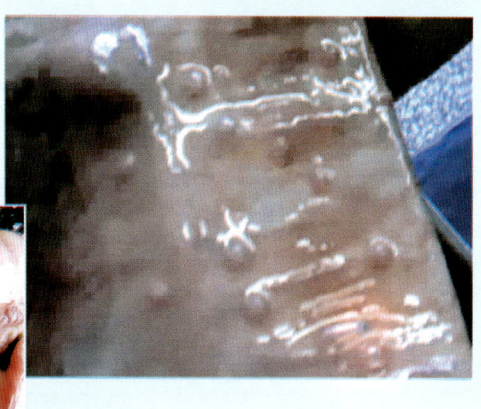

图1-233 肠黏膜上皮细胞增生形成腺瘤

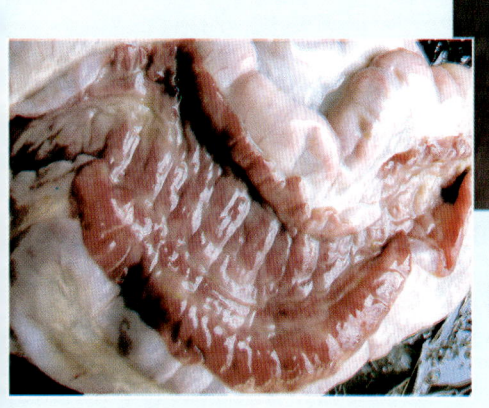

图1-234 结肠黏膜出血

【鉴别诊断】 见表1-11。

表1-11 与猪增生性肠炎病的鉴别诊断

| 病 名 | 症 状 |
| --- | --- |
| 流行性腹泻 | 剖检小肠系膜充血,肠系膜淋巴结水肿,肠绒毛显著萎缩 |
| 轮状病毒病 | 剖检肠内容物浆液性或水样,胃底不出血 |
| 猪传染性胃肠炎 | 剖检可见胃底黏膜潮红、溃疡,靠近幽门处有坏死区 |
| 猪圆环病毒病 | 伴有呼吸道症状,剖检脾脏和全身淋巴结异常肿大,肾脏有白斑,肺脏橡皮状 |
| 猪副伤寒 | 多发于4月龄以内的断奶仔猪。剖检肝脏有白色坏死灶,脾肿大、触及似橡皮样,盲肠、结肠壁局灶性或弥漫性增厚,上覆伪膜,下有溃疡,边缘不整,胆囊黏膜坏死 |
| 仔猪黄痢 | 7日龄以上很少发病,剖检十二指肠和空肠的肠壁变薄,胃黏膜有红色出血斑 |
| 仔猪白痢 | 粪便白色糊状,不呕吐。剖检肠壁薄、透明,肠黏膜不见出血 |
| 仔猪红痢 | 粪便红褐色,不见呕吐。剖检病变主要在空肠,可见出血、暗红色。多见3日龄内乳猪 |
| 猪痢疾 | 黏液性和出血性下痢。剖检结肠和盲肠黏膜肿胀、出血,大肠黏膜坏死、有伪膜 |

【防治措施】 预防可通过饮水或饲喂间断性供给抗生素制剂。治疗上主要使用抗生素制剂,泰妙菌素、泰乐菌素、四环素、红霉素和硫黏菌素均有一定疗效。

## 十二、衣原体病

### (Chlamydiosis)

衣原体病是由衣原体引起的慢性接触性人、兽共患的传染病。可引起肺炎、肠炎、胸膜炎、心包炎、关节炎、睾丸炎、子宫感染和流产等多种病型。

【诊断要点】

1. 流行病学  不同品种、年龄的猪都可感染,妊娠母猪和幼龄仔猪最为易感,常呈地方流行,多表现持续的潜伏性感染。病猪和隐性带菌猪为主要传染源,通过粪便、尿、乳汁、流产胎儿、胎衣和羊水排出病原体,经消化道、呼吸道和生殖道感染。蝇和蜱可作为传播媒介。

2. 临床表现  妊娠母猪感染本病出现早产、死胎、胎衣不下、不孕、产下木乃伊胎或弱仔等症状。公猪感染后出现睾丸炎、附睾炎、尿道炎、龟头包皮炎等,有的还出现慢性肺炎(图1-135,

图1-235  眼结膜充血、潮红,分泌物增加(林太明等)

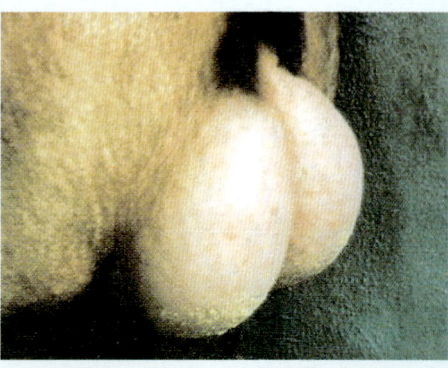

图1-236  病公猪睾丸肿大(林太明等)

图1-136）。仔猪可引起肠炎、多发性关节炎、结膜炎等症状，表现发热、食欲废绝、精神沉郁、咳嗽、腹泻等。

3.病理剖检变化　见图1-237至图1-243。

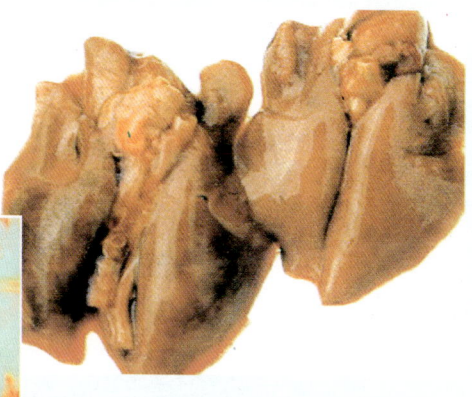

图1-237　流产胎儿肺肿胀，间质增宽（林太明等）

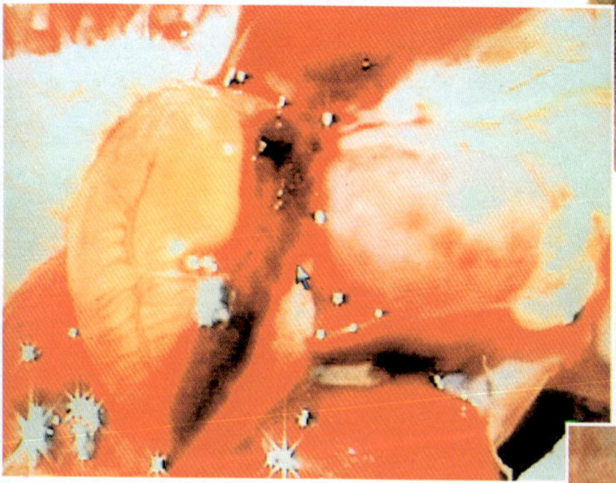

图1-238　流产胎儿心、脾出血（宣长和等）

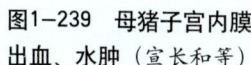

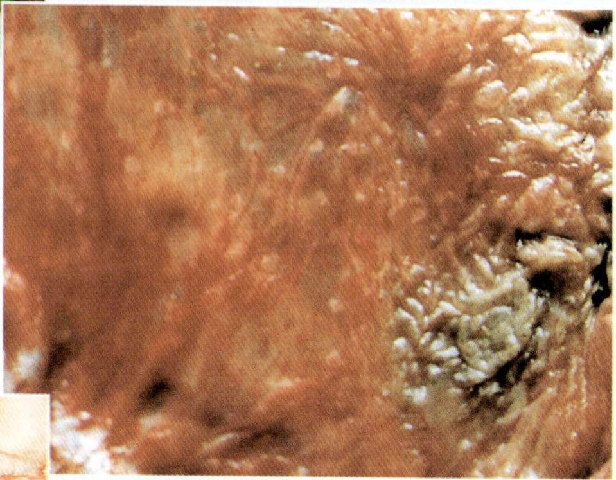

图1-239　母猪子宫内膜出血、水肿（宣长和等）

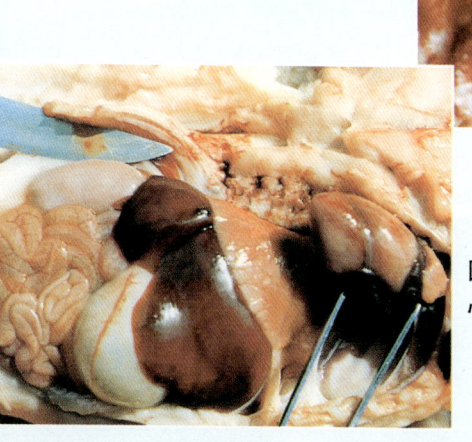

图1-240　早产死胎心脏出血（宣长和等）

69

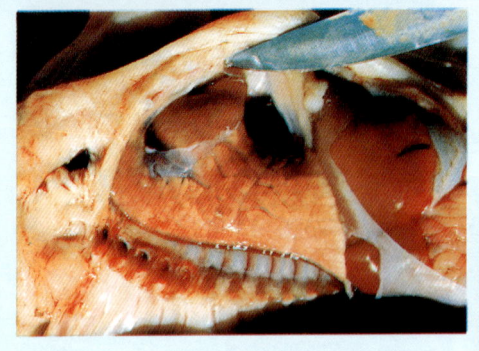

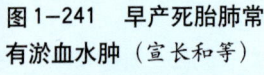

图1-241　早产死胎肺常有淤血水肿（宣长和等）

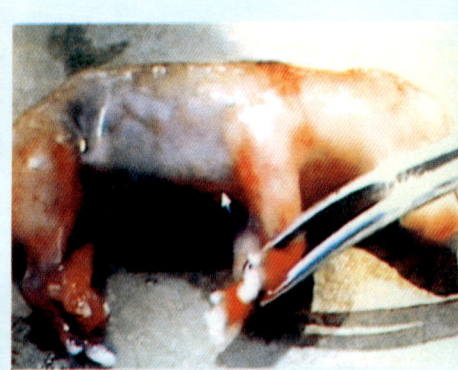

图1-242　流产胎儿皮肤的出血斑点（宣长和等）

图1-243　早产死胎皮肤出血（宣长和等）

【鉴别诊断】　见表1-12。

表1-12　与衣原体病的鉴别诊断

| 病　名 | 症　状 |
|---|---|
| 猪细小病毒病 | 母猪后躯运动失灵或瘫痪。剖检胎盘部分钙化，胎儿在子宫内有溶解和吸收 |
| 猪繁殖与呼吸综合征 | 妊娠母猪厌食，体温升高，呼吸困难。剖检腹腔有淡黄色积液 |
| 猪伪狂犬病 | 母猪厌食，惊厥，结膜炎。流产胎儿肝、脾、肾上腺、脏器淋巴结出现凝固性坏死 |
| 猪乙型脑炎 | 体温突然升高，嗜睡，乱冲乱撞。剖检可见脑室内有大量黄红色积液，脑膜充血，脑回明显肿胀，脑沟变浅、出血 |
| 布鲁氏菌病 | 乳房肿胀，阴户流黏液、流产后有血色黏液，胎衣不滞留 |
| 猪钩端螺旋体病 | 黏膜泛黄，尿红色或浓茶样，皮肤发红。剖检膀胱有血红蛋白尿 |

**【防治措施】** 本病一旦发生很难根除，因此引进猪时要进行严格的检疫。猪群应定期观察，随时淘汰疑似病猪。预防本病可进行疫苗接种。治疗时，四环素为首选药物，也可用土霉素、金霉素、红霉素、螺旋霉素等。

## 十三、猪球虫病

### (Coccidiosis)

猪球虫病是由猪的球虫寄生于猪的肠道上皮细胞引起的一种原虫病。临床上主要特征为小肠卡他性炎。多呈良性经过。

**【诊断要点】**

1. **流行病学** 不同年龄的猪均可感染，主要发生于仔猪，成年猪为带虫者，是主要的传播源。感染猪通过粪便排出的卵囊在外界孢子化后发育为感染性卵囊，经消化道感染猪。此外，在潮湿多雨的季节和多沼泽的牧场最易发病。

2. **临床表现** 感染本病的猪，一般表现食欲不佳、精神沉郁、被毛松乱、身体消瘦、体温略高，腹泻与便秘交替发作，主要为乳黄色或灰白色、松软或糊状粪便似豆浆状，病情加重出现液状粪便（图1-244）。

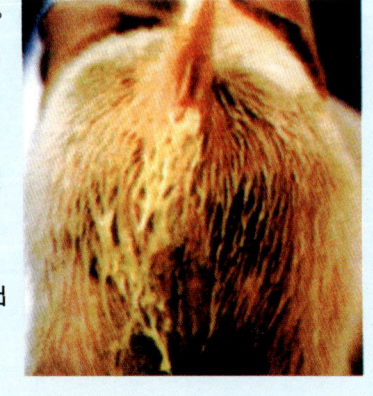

图1-244 球虫引起的仔猪腹泻，排出水样黄色粪便 (Hans christian mundt)

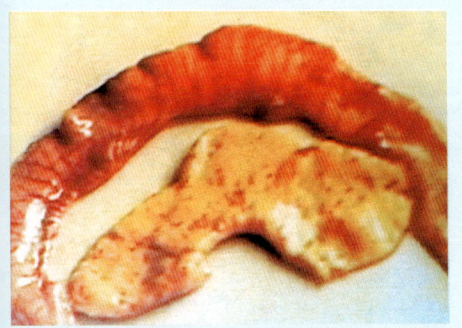

3. **病理剖检变化** 见图1-245，图1-246。

图1-245 10日龄仔猪回肠变厚，图示不透明浆膜表面和较厚的肠壁，内容物含坏死物质（宣长和等）

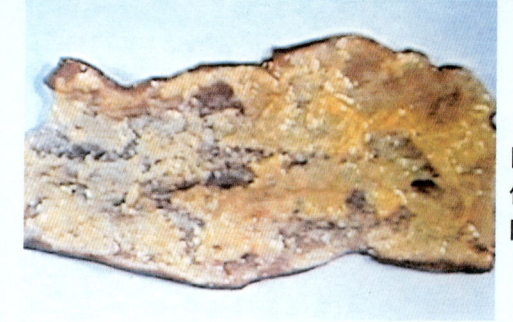

图1-246 8日龄仔猪小肠内的虫体,图示黏膜坏死病变的肠黏膜附有撒糠样的伪膜(宣长和等)

【鉴别诊断】 见表1-13。

表1-13 与猪球病的鉴别诊断

| 病 名 | 症 状 |
|---|---|
| 猪毛首线虫病 | 结膜苍白。剖检结肠和盲肠充血、出血、肿胀、有坏死病灶,结肠黏膜暗红色 |
| 猪食管口线虫病 | 剖检可见大肠黏膜上有黄色结节,发生化脓性结节性肠炎 |
| 胃肠卡他 | 剖检空肠和回肠不出现纤维素性坏死。粪便检查无球虫虫卵 |

【防治措施】 保持猪舍和运动场的清洁卫生,粪便、垫草要进行发酵处理。治疗时可用磺胺二甲嘧啶、磺胺间甲氧嘧啶钠、氨丙啉等药物,效果良好。

## 十四、猪弓形虫病

(Toxoplasmagondi)

猪弓形虫病是弓形虫寄生在猪有核细胞内进行无性繁殖而引起的一种人、兽共患的原虫病。

【诊断要点】

1. 流行病学 本病可感染200多种动物和人类,终末宿主是猫。有明显的季节性,夏、秋季节多发。被感染的猫排出的卵囊孢子化后和中间宿主分泌物或排泄物中的滋养体都具有感染性。

经消化道、呼吸道、损伤的皮肤和眼结膜侵入易感动物。也可以通过胎盘和初乳垂直感染。

2. **临床表现** 猪感染本病后，初期体温升高40.5℃～42℃，呈稽留热，后期呼吸极度困难，体温急剧下降而死亡。孕猪往往发生流产（图1-247至图1-250）。

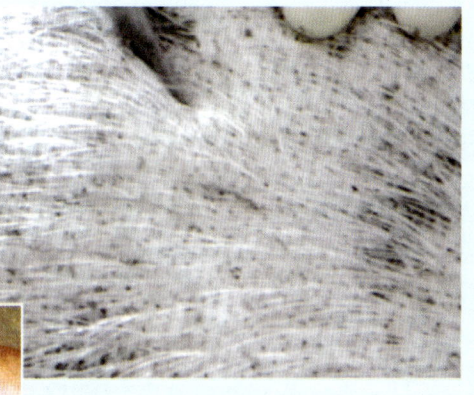

图1-247 皮肤密布出血点

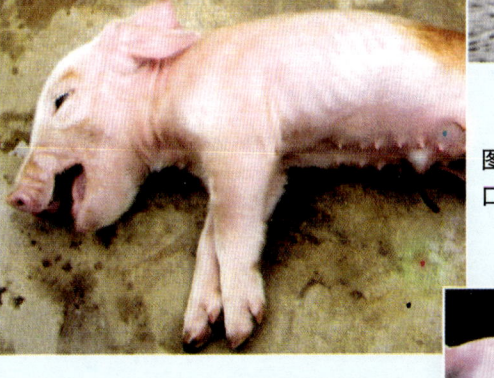

图1-248 病仔猪张口呼吸（白挨泉等）

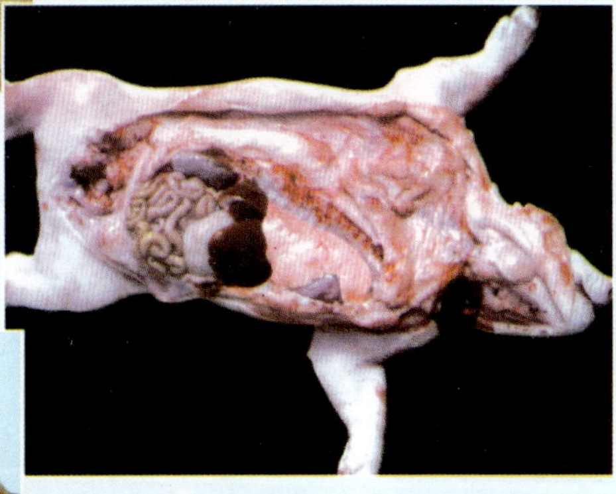

图1-249 肌肉苍白，营养不良（宣长和等）

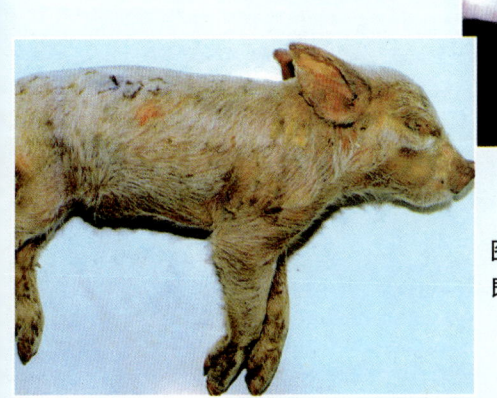

图1-250 哺乳仔猪尸体营养不良，皮肤不洁有斑点（宣长和等）

**3. 病理剖检变化** 见图 1-251 至图 1-260。

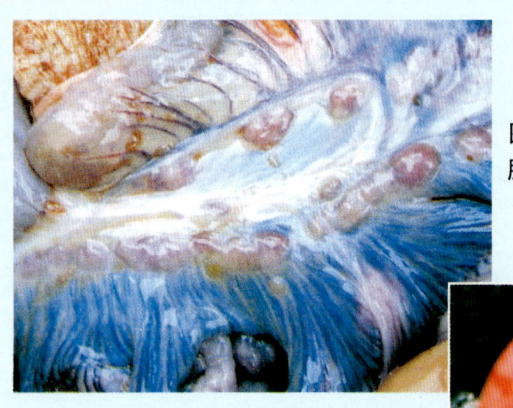

图 1-251　肠系膜淋巴结肿大出血（白挨泉等）

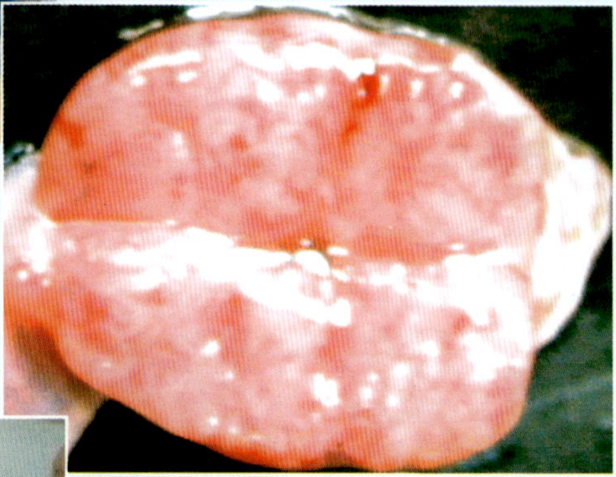

图 1-252　腹股沟淋巴结肿大灰白色、出血坏死

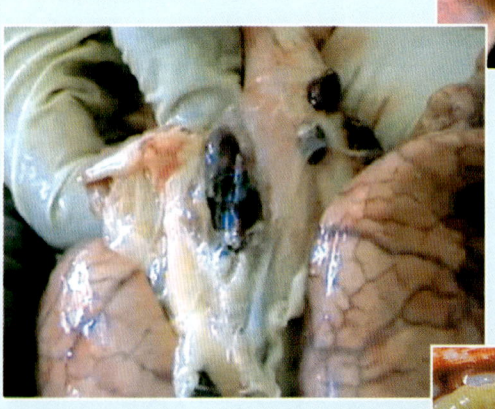

图 1-253　肺门淋巴结出血

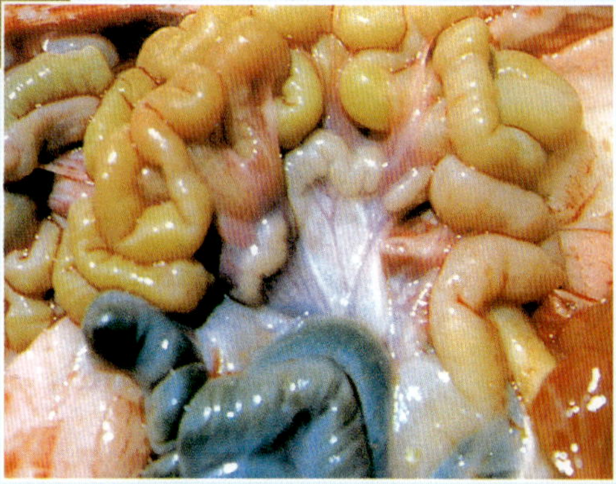

图 1-254　小肠系膜淋巴结肿大、灰白色（宣长和等）

图1-255 扁桃体出血点

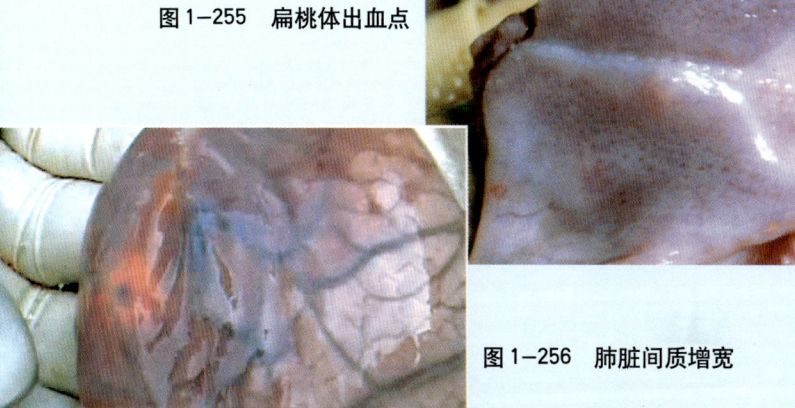

图1-256 肺脏间质增宽

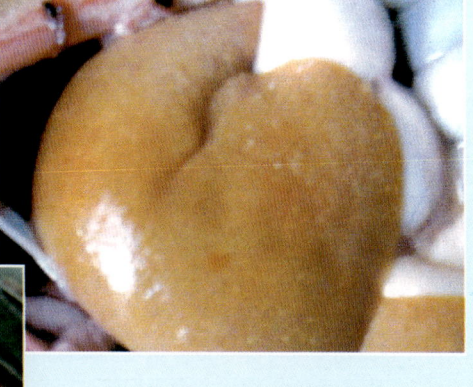

图1-257 肝脏表面白色坏死点（白挨泉等）

图1-258 肾表面大小不一的灰白色病灶,有弥漫性淤血点

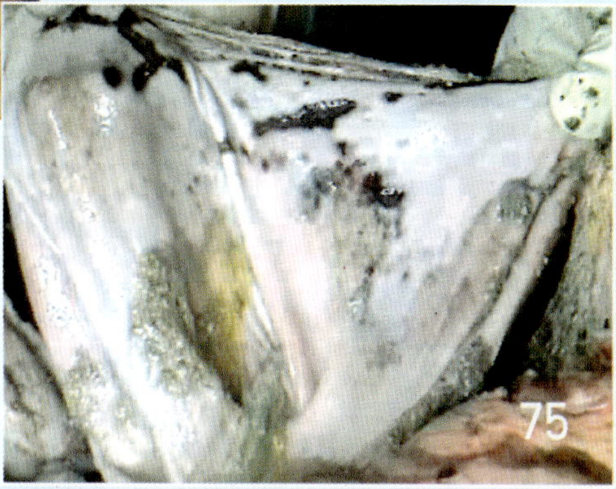

图1-259 胃底有条形溃疡

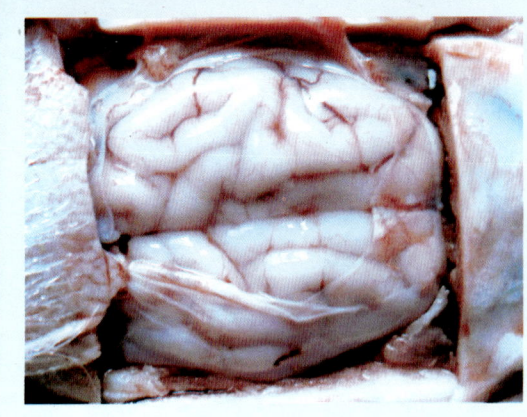

图1-260 脑水肿

【鉴别诊断】 见表1-14。

表1-14 与猪弓形虫病的鉴别诊断

| 病 名 | 症 状 |
| --- | --- |
| 猪瘟 | 全身皮肤发绀。剖检脾边缘有紫色梗死，淋巴结暗紫色，肾、膀胱黏膜有密集的出血点，回盲肠钮扣状溃疡 |
| 猪丹毒 | 全身皮肤潮红，有圆形、方形、菱形高出周边皮肤的红色或紫红色疹块。剖检脾樱红色，淋巴结切面灰白色、多汁、周围暗红色 |
| 猪肺疫 | 咽喉部肿大，呼吸困难，咳嗽。剖检皮下有胶冻样纤维素性浆液，出现纤维素性肺炎，胸膜与肺粘连，气管和支气管有黏液 |
| 猪链球菌病 | 共济失调，磨牙、昏睡。剖检脾肿大1～3倍、暗红色或蓝紫色、柔软而脆，肾肿大、充血、出血、呈黑红色 |
| 猪附红细胞体病 | 全身发抖，可视黏膜充血或苍白。剖检血液凝固不良 |

【防治措施】 猪场禁止猫进入。高发季节可用磺胺嘧啶等药物进行药物预防。磺胺嘧啶、磺胺间甲氧嘧啶等药物在治疗本病上有一定疗效。

## 十五、猪蛔虫病

(Ascariasis)

猪蛔虫病是由猪蛔虫寄生于猪的小肠内引起的一种常见的线

虫病。本病分布广泛，感染普遍，对养猪业危害极为严重。

【诊断要点】

1. 流行病学　猪蛔虫只寄生于猪和野猪，特别是仔猪。猪蛔虫的发育无中间宿主，繁殖力特别强，随病猪的粪便排出体外，在适宜条件下发育成感染性虫卵，经消化道传染。本病的流行与饲养管理、环境卫生、营养缺乏和猪的年龄有密切关系。

2. 临床表现　仔猪感染1周后出现肺炎症状，体温升高、湿咳、呼吸加快、减食、呕吐流涎，生长发育停滞。当很多蛔虫阻塞肠道时，出现腹痛拱背。当钻进胆道时，会出现腹泻、体温升高、废食、剧烈腹痛、四肢乱蹬、滚动不安、可视黏膜黄染等症状（图1-261）。

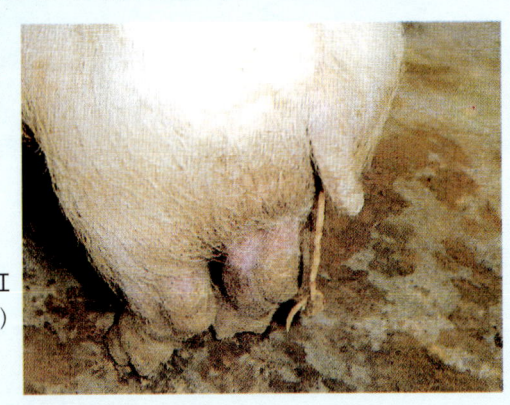

图1-261　蛔虫从猪肛门处排出（林太明等）

3. 病理剖检变化　见图1-262至图1-268。

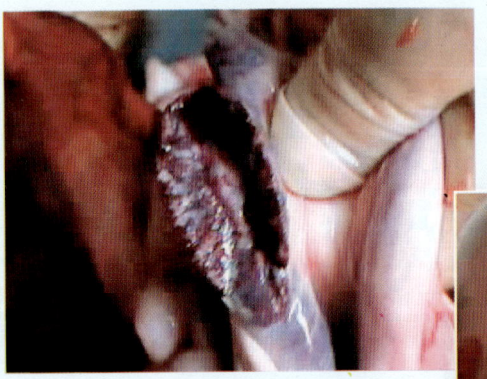

图1-262　肠系膜淋巴结肿大出血

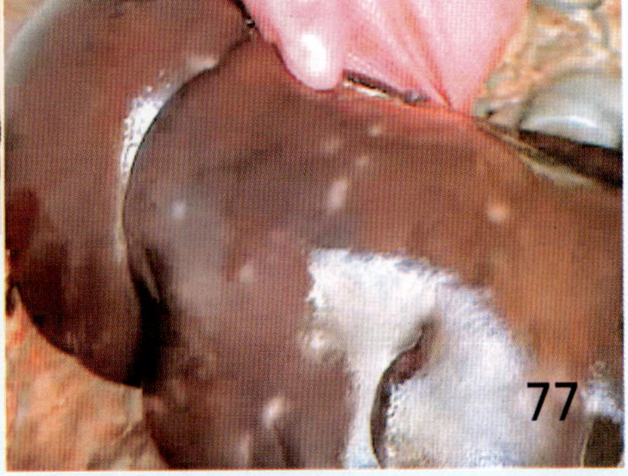

图1-263　蛔虫在肝脏表面上的移行斑

77

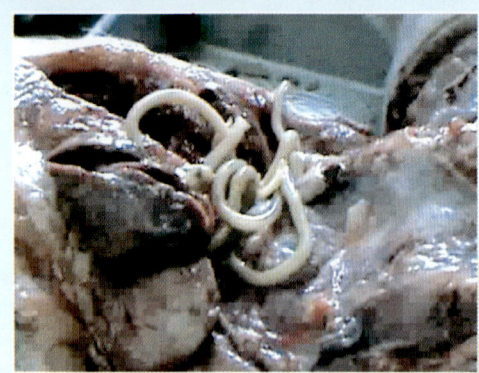

图1-264 病猪呕吐，食管内出现蛔虫

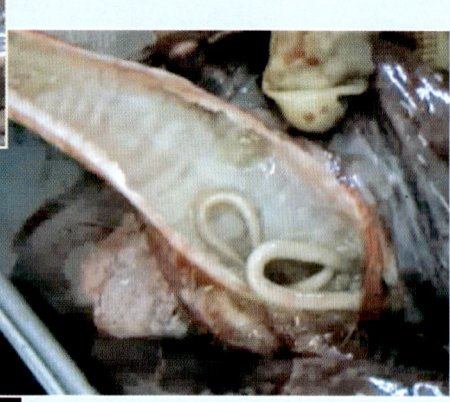

图1-265 气管内有蛔虫

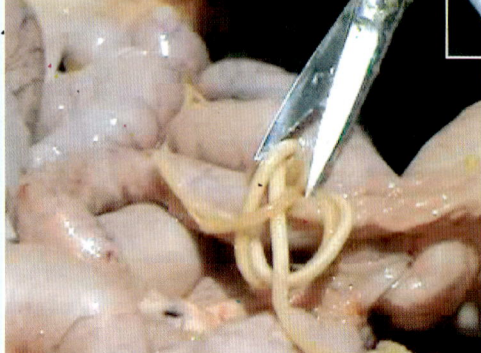

图1-266 小肠内有蛔虫

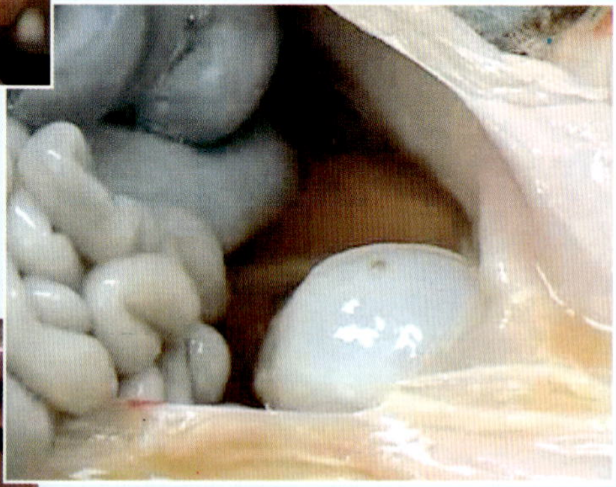

图1-267 蛔虫造成的腹腔积液

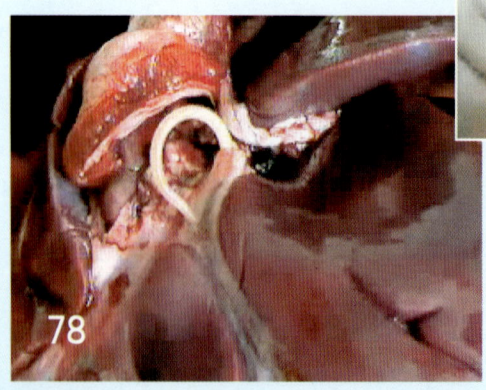

图1-268 钻入胆管内的蛔虫

【鉴别诊断】 见表1-15。

表1-15 与猪蛔虫病的鉴别诊断

| 病 名 | 症 状 |
| --- | --- |
| 猪后圆线虫病 | 痉挛性咳嗽，不表现异嗜、呕吐、腹泻等症状 |
| 支气管炎 | 不表现呕吐症状，眼结膜正常，无腹泻、痉挛性疝痛等症状 |
| 钙、磷缺乏症 | 骨骼变形，步态强拘，吃食咀嚼无声 |

【防治措施】 治疗时可用左旋咪唑、阿苯达唑、四咪唑、丙硫咪唑等，都有较好的疗效。

## 十六、猪毛首线虫病

### (T.suis)

猪毛首线虫病(猪鞭虫病)是由猪毛首线虫寄生于猪的大肠所引起的一种线虫病。本病分布广泛，遍及全国，主要危害幼猪，严重感染可引起死亡。

【诊断要点】

1. 流行病学 本病主要感染幼猪，一年四季均可感染，夏季感染率最高，秋、冬季出现临床症状。被感染的猪通过粪便排出虫卵，污染饲料和水，经消化道感染健康猪。

2. 临床表现 轻度感染出现间歇性腹泻，轻度贫血，可影响猪的生长发育。严重感染表现精神沉郁、食欲减退、被毛粗乱、贫血、结膜苍白，顽固性腹泻，粪便中混有红色血丝或呈现棕红色的带血粪便。

3. 病理剖检变化 见图1-269至图1-273。

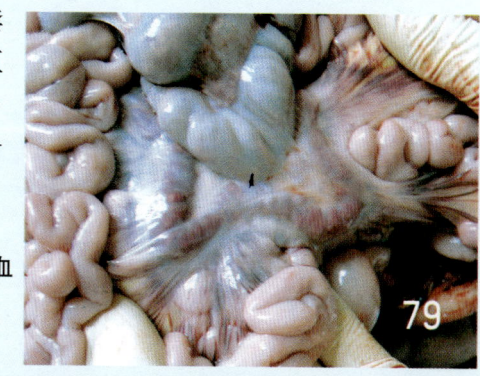

图1-269 肠系膜淋巴结肿大出血

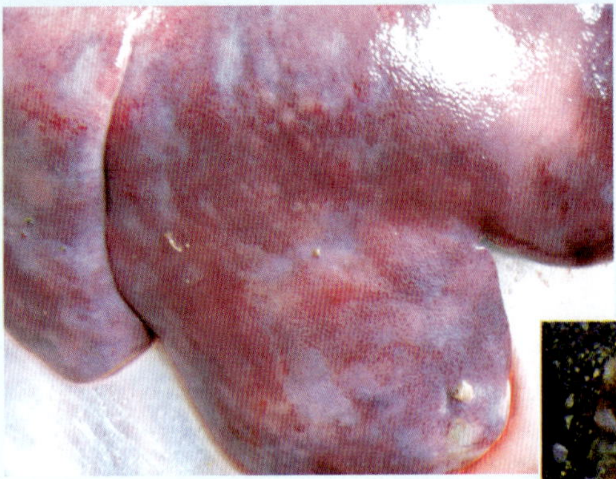

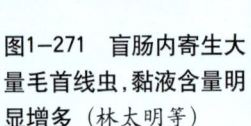

图1-270 肝脏有白雾斑

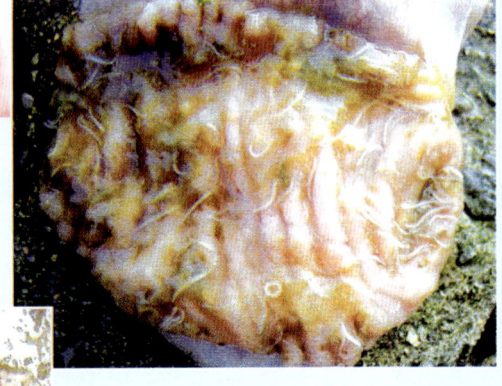

图1-271 盲肠内寄生大量毛首线虫,黏液含量明显增多(林太明等)

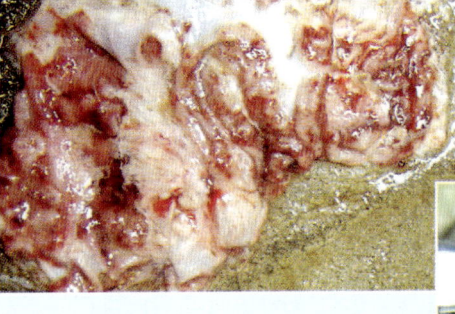

图1-272 严重感染时引起的盲肠出血性坏死、水肿、溃疡(后期)(林太明等)

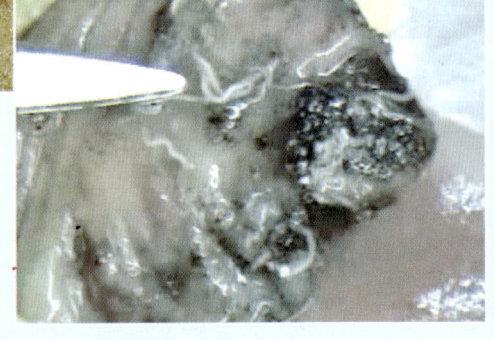

图1-273 结肠内有毛首线虫,致肠坏死

【防治措施】 预防本病必须防止虫卵污染猪舍,切实做好带虫猪的驱虫和粪便处理。常发病的猪场应进行定期驱虫。治疗常用的药物有驱虫净、丙硫苯咪唑、左旋咪唑都有较好的疗效。

## 十七、胃溃疡

(Gastric ulcers)

胃溃疡是由急性消化不良与胃出血引起的胃黏膜局部组织糜烂和坏死,或自体消化,形成圆形溃疡面,甚至胃穿孔所致。多伴发急性弥漫性腹膜炎而迅速死亡,或呈慢性消化不良。

【诊断要点】

1. 病因  原发性胃溃疡主要是由于饲料质量不良,精细或粗糙、霉败、难于消化、缺乏营养,饲料中缺乏不饱和或氧化性不稳定的脂肪酸、缺乏维生素E和硒都可引发本病。

2. 临床表现  慢性型胃溃疡见图1-274,图1-275。

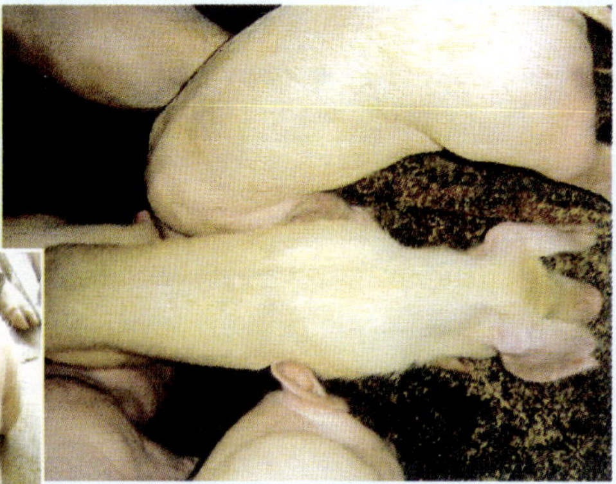

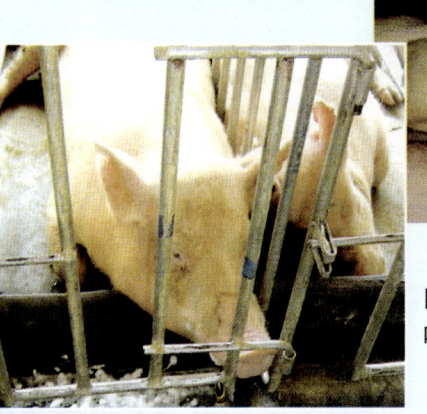

图1-274  后备母猪病情严重时表现消瘦、苍白,采食时经常呕吐(林太明等)

图1-275  经常磨牙,口吐白沫,拱栏(林太明等)

3. 病理剖检变化

(1) 最急性型  剖检可见广泛性胃内出血,胃膨大、充满血块和未凝固血块与纤维素性渗出物的混合物。

(2) 急性、亚急性和慢性型　见图1-276至图1-280。

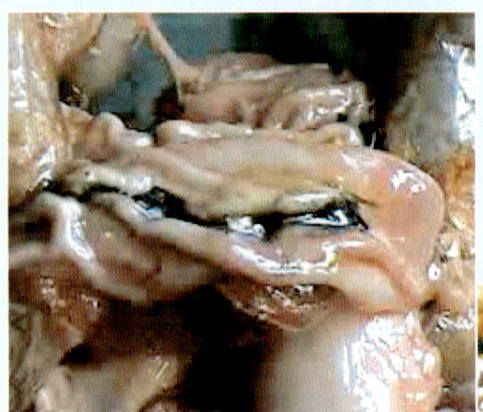

图1-276　浅表性胃溃疡胃黏膜糜烂与溃疡

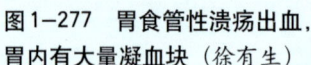

图1-277　胃食管性溃疡出血，胃内有大量凝血块（徐有生）

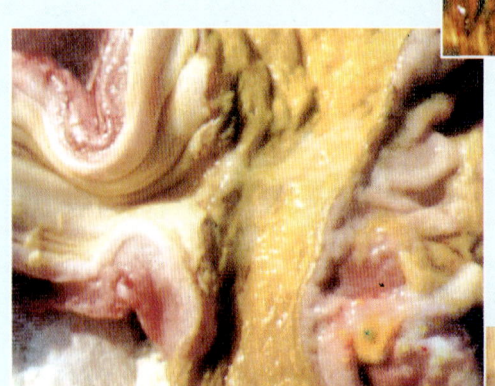

图1-278　胃贲门无腺区大片溃疡病灶、食管黏膜增厚、食管和贲门连接处溃疡（孙锡斌等）

图1-279　猪胃底部大面积溃疡（孙锡斌等）

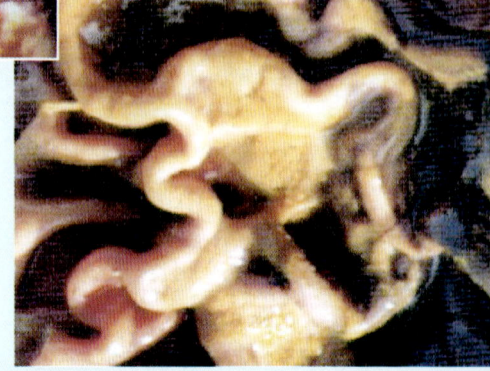

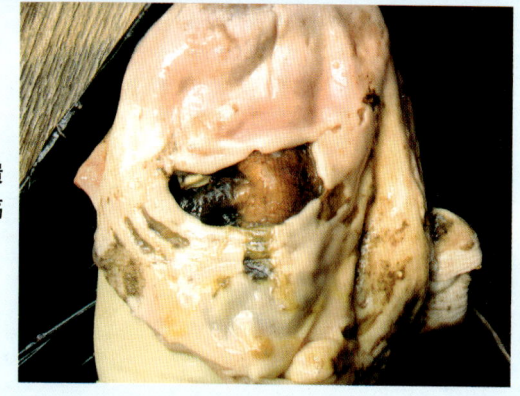

图1-280 胃黏膜出血、溃疡,胃溃疡,胃幽门黏膜溃疡

【鉴别诊断】 见表1-16。

表1-16 与胃溃疡病的鉴别诊断

| 病 名 | 症 状 |
| --- | --- |
| 猪附红细胞体病 | 体温升高,可视黏膜充血、苍白、黄疸,血液稀薄,剖检皮下脂肪黄染,脏器贫血严重 |
| 猪胃线虫病 | 精神委顿,食欲较好,粪中有虫卵。剖检可见胃底有圆形结节 |
| 胃肠卡他 | 精神委顿,食欲减退,饮后又吐,粪干,眼结膜黄染,口臭,不出现腹痛、黑粪、贫血等现象。剖检胃无溃疡 |

【防治措施】 注意饲料的管理和调制,避免饲料粉碎得太细或粉碎不全,保证饲料中维生素E和硒的含量。治疗原则是镇静止痛、抗酸止酵、消炎止血;同时,改善饲养,加强护理、促进康复。

# 第二章 呕吐类疾病

## 一、铜中毒

铜中毒是由于摄入铜过多，或因肝细胞损伤，铜在肝脏等组织内大量蓄积的急性或慢性疾病。各种畜禽均可发生，死亡率接近100%。

【诊断要点】

1. 病因　急性铜中毒通常由于以下几个原因：①内服超量的硫酸铜。②误食了以铜盐为原料的杀虫剂、防腐剂等。③采食了含铜杀菌剂污染的植物。④含铜饲料添加剂搅拌不均匀，而采食过多。

慢性铜中毒多见于长期高铜地区放养，草原被冶炼厂的烟尘污染，以及在被腐蚀的高压电缆下放牧等。

2. 临床表现

（1）急性铜中毒　多发生于采食后数小时至一、两天内。病猪有严重胃肠炎的表现，呕吐、拒食、流涎，有渴感；腹痛、腹泻，粪便呈青绿色或蓝色、混有粘液或血液。在严重休克时体温下降，心律加快，继而虚脱，一般在24～48小时死亡。

（2）慢性铜中毒　病猪表现精神沉郁，厌食，呼吸迫促、甚至困难，粘膜苍白、黄染，尿红茶样而带黑色。皮肤发痒，有丘疹，耳边缘发绀。

3. 病理剖检变化　急性表现胃肠炎症状，慢性

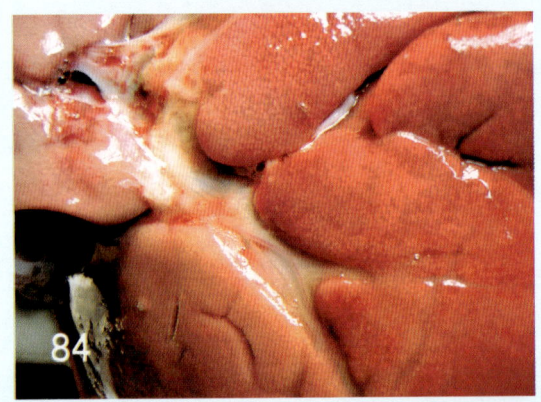

图2-1　肝脏肿大、质脆、黄染

为全身黄染。肾高度肿大,呈暗棕色,常有出血点。肝显著肿大,质脆黄染。胆囊扩张,胆汁浓稠。脾肿大质脆,呈棕色至黑色。胃底粘膜充血、出血,小肠有卡他性炎症(图2-1至图2-4)。

图2-2 肝脏严重变性、色黄、质脆

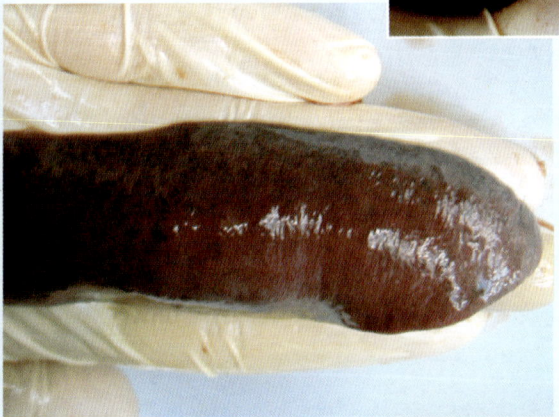

图2-3 脾肿大、质脆,呈棕色

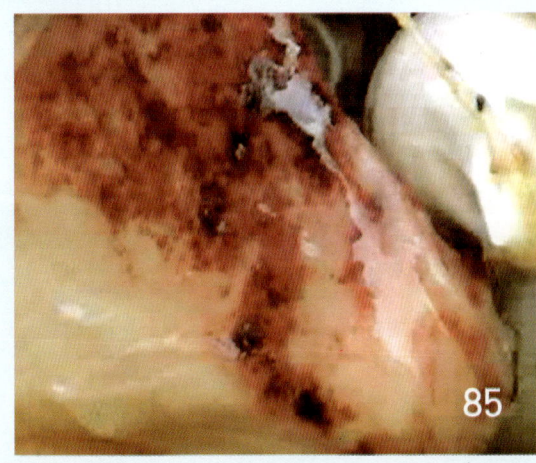

图2-4 胃底出血、溃疡

【鉴别诊断】 见表2-1。

表2-1 与铜中毒的鉴别诊断

| 病 名 | 症 状 |
|---|---|
| 食盐中毒 | 口黏膜潮红,磨牙、流涎、视觉和听觉出现障碍,盲目徘徊 |
| 猪钩端螺旋体病 | 多发于断奶前后的仔猪。眼结膜潮红、浮肿,皮肤发红擦痒,有的下颌、颈部出现水肿,粪便时干时稀、多呈绿色或蓝色 |

【防治措施】 加强饲养管理,防止硫酸铜喷雾时污染草料,严格药用铜制剂的用量,混合铜饲料添加剂时必须混合均匀、控制喂量。

治疗时,可静脉注射硫钼酸钠,0.5毫克/千克体重,稀释为100毫升,3小时后根据病情再注射1次。

## 二、猪后圆线虫病

(Meta styongylidae.Metastrongylas)

猪后圆线虫病(猪肺线虫病)是由后圆属的线虫寄生于猪的支气管和细支气管而引起的一种线虫病。

【诊断要点】

1. **流行病学** 虫卵随患病猪和带虫猪的粪便排出体外,虫卵进入中间宿主蚯蚓体内发育成感染性幼虫。感染性幼虫被蚯蚓排出体外后,经消化道感染猪。本病的流行情况与蚯蚓的分布和密度有直接的关系。

2. **临床表现** 病猪主要表现消瘦、发育不良、阵发性咳嗽、食欲减退、精神沉郁、呼吸困难急促,最后衰弱死亡。

3. **病理剖检变化** 剖检可见支气管增厚、扩张,小支气管周围组织增生,肺脏附近有坚实的灰色小结,肌纤维肥大(图2-5,图2-6)。

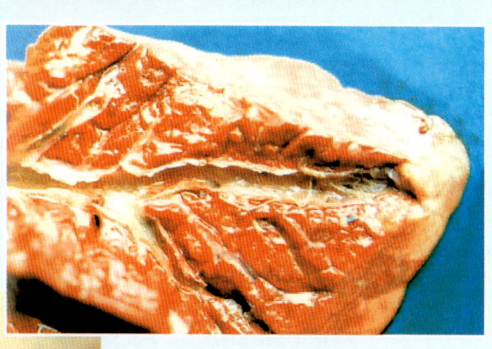

图2-5 支气管内的猪后圆线虫（宣长和等）

图2-6 支气管内的猪后圆线虫（宣长和等）

【鉴别诊断】 见表2-2。

表2-2 与猪后圆线虫病的鉴别诊断

| 病　名 | 症　状 |
|---|---|
| 猪喘气病 | 眼结膜发绀，剖检肺出现肉变或胰变 |
| 猪蛔虫病 | 不表现痉挛性咳嗽，有时呕吐、下痢，有时呕出虫体 |
| 猪支气管炎 | 不表现阵发性咳嗽，剖检支气管黏膜充血，有黏液，黏膜下水肿，无虫体 |

【防治措施】 定期驱虫，做好粪便的处理工作，禁止到低洼潮湿地带放牧，避免猪吃到蚯蚓。治疗时可使用左旋咪唑、丙硫咪唑、阿苯达唑等药物。

## 三、食盐中毒

(Commonsale poisoning)

食盐中毒是由于采食过多的食盐或饲养不当饮水缺乏，引起猪以突出的神经症状和消化功能紊乱为临床特征的中毒性疾病。

【诊断要点】

1. **病因** 主要是由于猪采食了含食盐过多的食物或饲料中添加食盐过多、混合不均而引发本病。

2. **临床表现** 病初主要表现食欲减退或废绝，精神沉郁，口渴和皮肤瘙痒等。随后出现呕吐和明显的神经症状，表现兴奋不安、口吐白沫、四肢痉挛、刺激无反应等症状。重症出现癫痫样痉挛、角弓反张、四肢做游泳状划动、呼吸困难、昏迷死亡（图2-7，图2-8）。

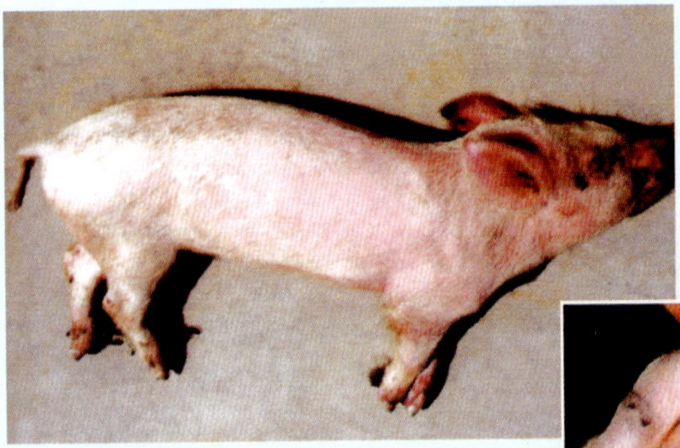

图2-7 中毒猪侧卧地上，头颈后仰，颈部皮肤红斑，肘头水肿（王春璈）

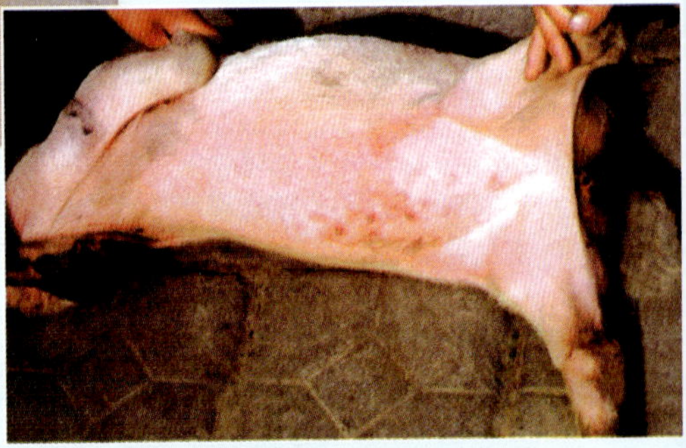

图2-8 中毒猪皮肤出血（王春璈）

3. **病理剖检变化** 病猪剖检可见肠系膜淋巴结充血、出血，心内膜有小的出血点，实质器官充血、出血，肝肿大、易碎，胃肠黏膜充血、出血，脑脊髓各部位有不同的充血、水肿（图2-9至图2-11）。

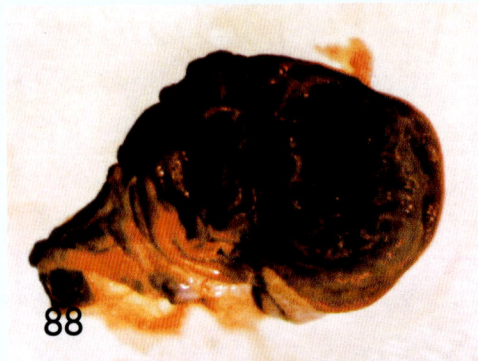

图2-9 中毒死亡猪的胃黏膜弥漫性出血（王春璈）

图2-10 中毒死亡猪小肠黏膜弥漫性出血（王春璈）

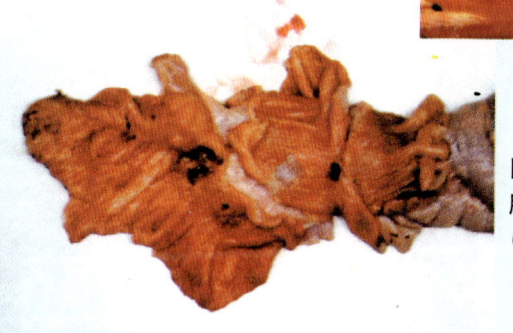

图2-11 中毒死亡猪的盲肠黏膜弥漫性出血、溃疡（王春璈）

**【鉴别诊断】** 见表2-3。

表2-3 与食盐中毒的鉴别诊断

| 病 名 | 症 状 |
|---|---|
| 猪伪狂犬病 | 表现打喷嚏、咳嗽、便秘、流涎、呕吐、肌肉痉挛、共济失调等症状。妊娠母猪出现胎儿吸收、木乃伊胎、死胎、流产 |
| 猪乙型脑炎 | 不发生神经兴奋，母猪流产，公猪睾丸炎 |
| 猪链球菌病 | 常出现多发性关节炎症状，关节肿大、剖检有大量黏液 |

**【防治措施】** 限制含食盐残渣废水的饲喂量，并与其他饲料合理搭配饲喂。提供足够的饮水，避免体内钠和氯离子含量过多。治疗时要促进食盐排出，恢复阳离子平衡，可用硫酸铜催吐或油类泻剂，使过量食盐吐出或泻下。

# 第三章　呼吸困难类疾病

## 一、猪流行性感冒

(Swine influenza, SI)

猪流行性感冒是由猪流行性感冒病毒（Swine influenza virus, SIV）引起的急性、高度接触性呼吸器官的传染病。

【诊断要点】

1. 流行病学　猪流行性感冒可感染各个年龄、性别和品种的猪，主要发生在天气多变的秋末、早春和寒冷的冬季。本病接触性传染性极强，主要通过呼吸道传播，常呈地方性流行或大流行，寒冷而潮湿的天气可能是该病暴发的诱因。病猪和带毒猪是该病的主要传染源。

2. 临床表现　感染初期体温突然升高40℃～42℃，厌食或食欲废绝，极度虚弱乃至虚脱。精神极度委顿，常卧地。死亡病例在疾病的末期通常见有痉挛性惊厥（图3-1，图3-2）。

图3-1　**鼻液增多**（白挨泉等）

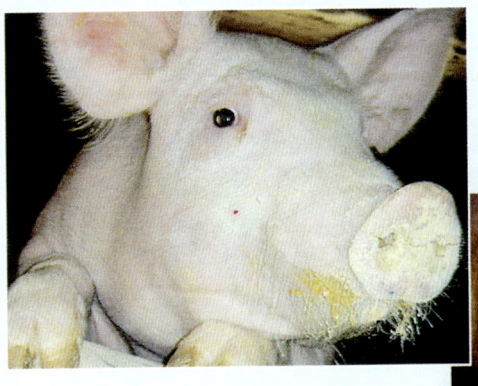

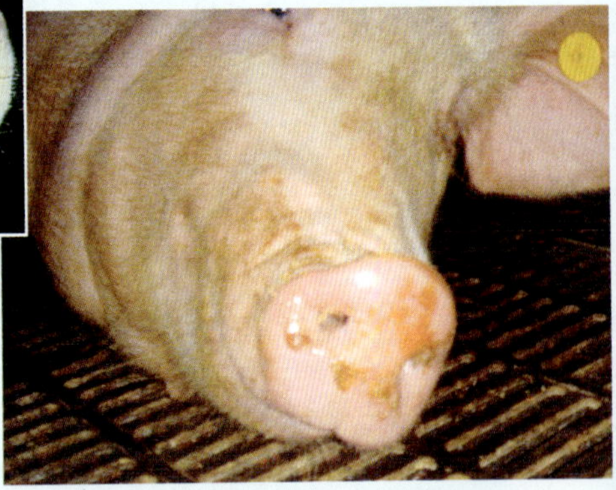

图3-2　**妊娠母猪流出黏脓性鼻涕**（白挨泉等）

**3. 病理剖检变化** 病理变化主要在呼吸器官。鼻、咽、喉、气管的黏膜充血、肿胀，表面覆有黏液，胸腔蓄积大量混有纤维素的浆液。脾脏肿大。胃肠黏膜发生卡他性炎，胃黏膜充血严重，大肠出现斑块状充血（图3-3至图3-8）。

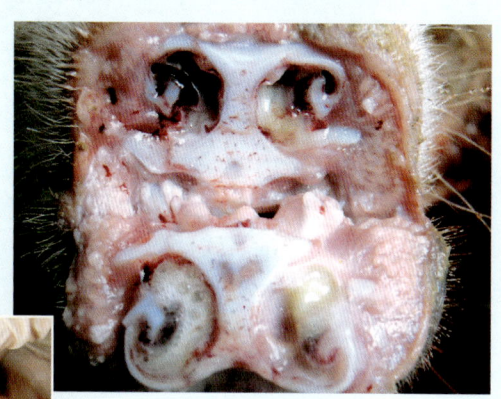

图3-3 鼻腔有脓性鼻液，鼻黏膜充血

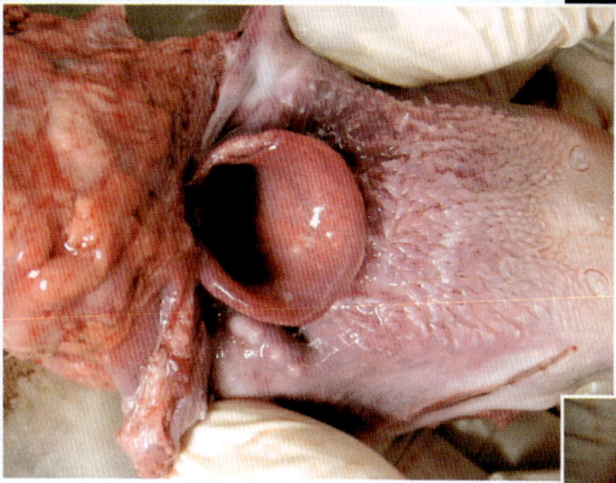

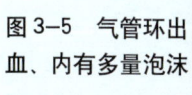

图3-4 喉头充血、出血

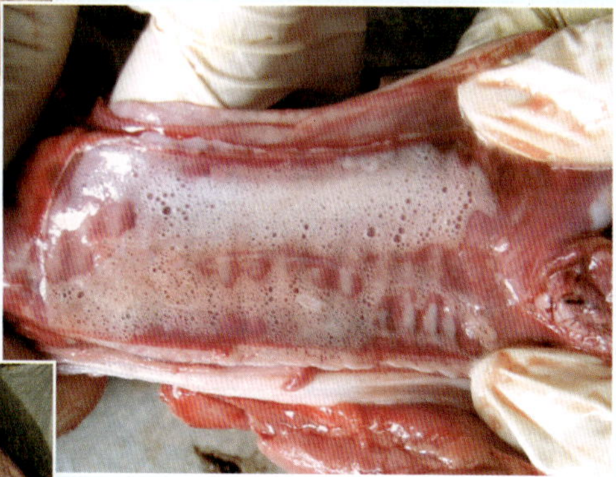

图3-5 气管环出血、内有多量泡沫

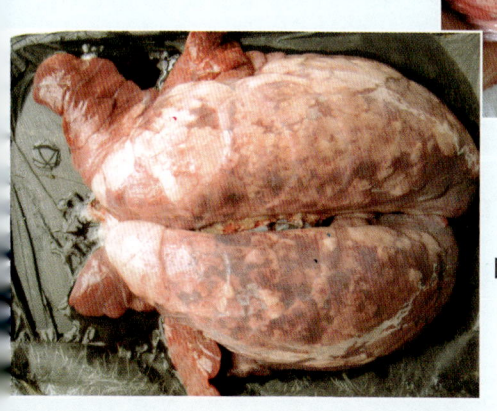

图3-6 肺呈鲜牛肉样

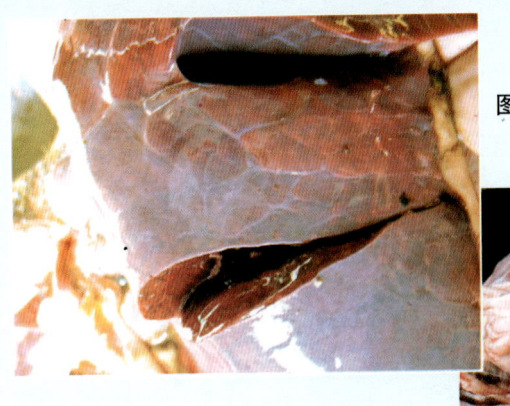

图3-7 肺出血、间质增宽

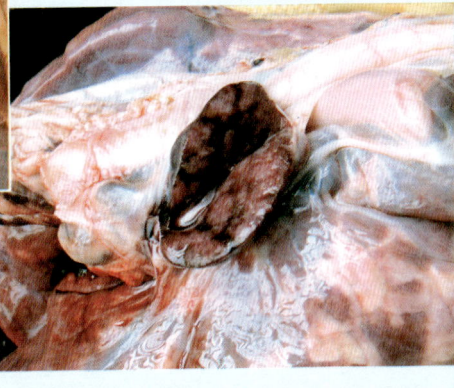

图3-8 肺门淋巴结肿大,切面炎性充血

【鉴别诊断】 见表3-1。

表3-1 与猪流行性感冒病的鉴别诊断

| 病 名 | 症 状 |
|---|---|
| 猪传染性胸膜肺炎 | 轻度腹泻和呕吐,末端皮肤蓝紫色。剖检纤维素性胸膜炎,气管血色黏液,胸肋膜有纤维素性粘连 |
| 猪肺疫 | 咽喉部肿胀。剖检皮下胶冻样淡黄色或灰青色纤维素性浆液,肺切面大理石样,胸膜和肺粘连 |
| 猪气喘病 | 反复干咳,无疼痛反应。剖检肺心叶、尖叶、中间叶、膈叶出现对称性"肉变"或"虾肉样变" |

【防治措施】 本病尚无有效的疫苗和特效疗法,主要依靠预防措施。良好的圈舍和保护猪不受恶劣天气的侵袭有助于预防严重的暴发。一旦暴发要及时隔离,对栏圈、饲具尽快消毒,剩料、剩水要深埋或无公害化处理。

## 二、猪传染性胸膜肺炎

(Porcine contagious pleuropneumonua,APP)

猪传染性胸膜肺炎是由胸膜肺炎放线杆菌引起的猪呼吸系统

的一种接触性传染病。本病特征为急性出血性纤维素性胸膜肺炎和慢性纤维素性坏死性胸膜肺炎。

【诊断要点】

1. 流行病学　本病可感染不同年龄、品种的猪，以2~5月龄的猪较为多发，有明显的季节性，4~5月份和9~11月份多发。病猪和带菌猪是主要传染源，病菌通过鼻腔排出，经呼吸道传染健康猪。饲养环境的改变、通风不良、气候突变和长途运输等可诱发本病。

2. 临床表现

(1) 最急性型　病猪体温升高，41.5℃以上，沉郁，不食、轻度腹泻和呕吐（图3-9）。

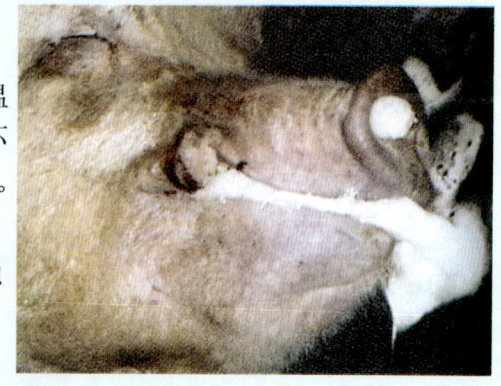

图3-9　鼻流出大量泡沫和黏液（徐有生）

(2) 急性型　病例表现体温升高、拒食、咳嗽等症状（图3-10，图3-11）。

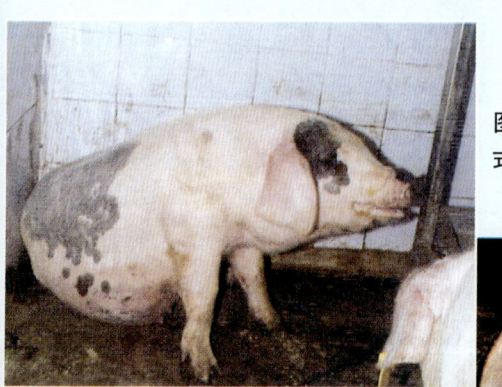

图3-10　病猪呈犬坐式呼吸（孙锡斌等）

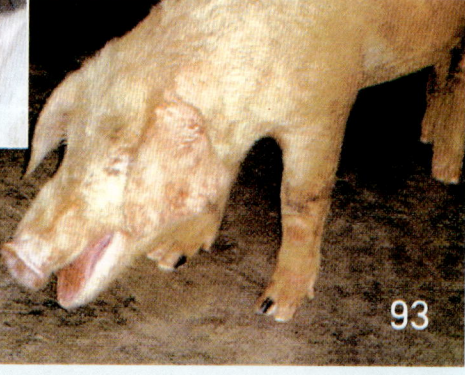

图3-11　病猪呼吸极度困难（林太明等）

（3）慢性型　症状较轻，出现间歇性咳嗽。

3. 病理剖检变化

（1）最急性型　病猪流血色鼻液，肺炎病变多发于肺的前下部，肺充血、出血和血管内有纤维素性血栓（图3-12，图3-13）。

图3-12　肺出血呈花斑状

图3-13　肺表面覆盖一层乳白色膜样物

（2）急性型　肺炎多为两侧性，常发生于尖叶、心叶和膈叶的一部分，病灶区有出血性坏死灶，呈紫红色，切面坚实，轮廓清晰，纤维素性胸膜炎明显。胸腔积有血色液体（图3-14至图3-18）。

图3-14　气管环充血并有泡沫

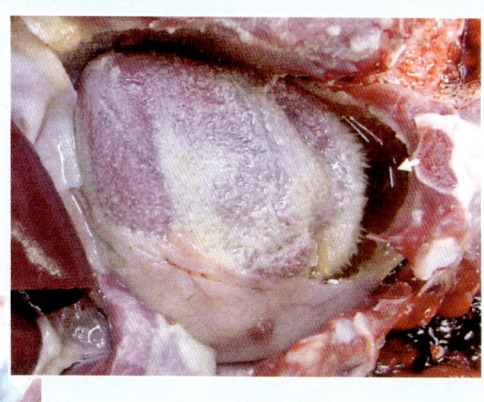

图3-15 心包炎引起心包积液（孙锡斌等）

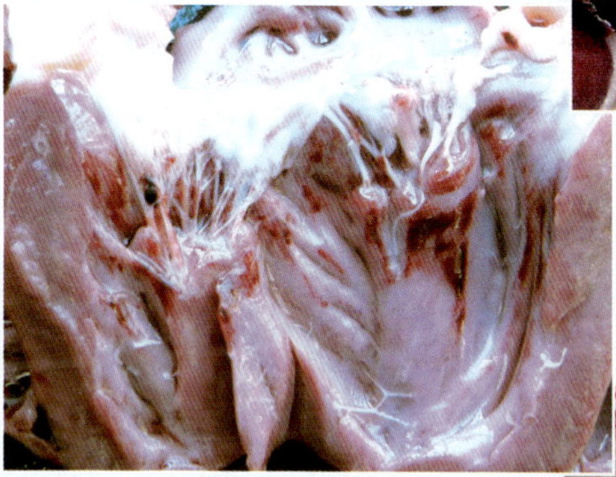

图3-16 心脏内膜出血

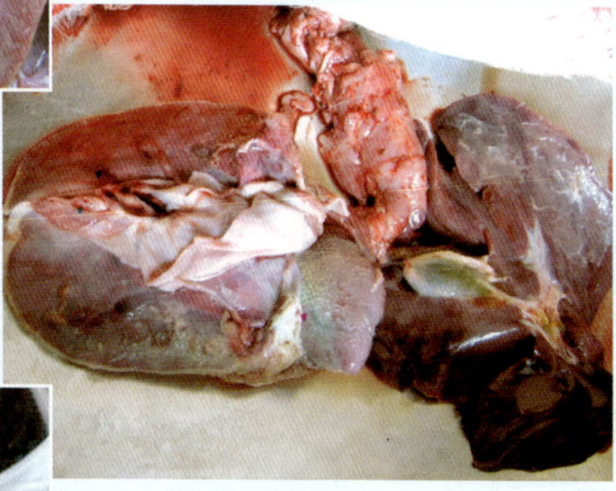

图3-17 肺、心、肝表面附有灰白色纤维素性渗出物

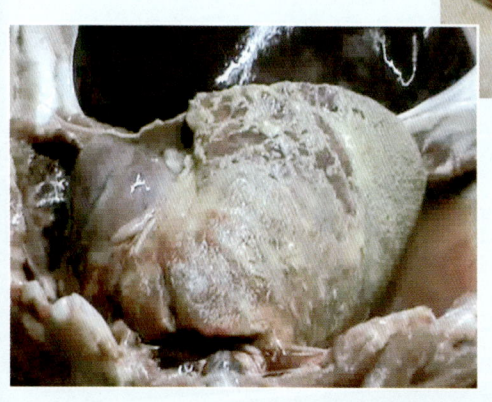

图3-18 肺小叶上有纤维素附着

（3）慢性型 常见到膈叶上大小不等的结节，周围较厚的结缔组织环绕，肺胸膜粘连（图3-19至图3-22）。

95

图 3-19 病猪肋胸膜出血（徐有生）

图3-20 肺与胸膜广泛性粘连愈着（徐有生）

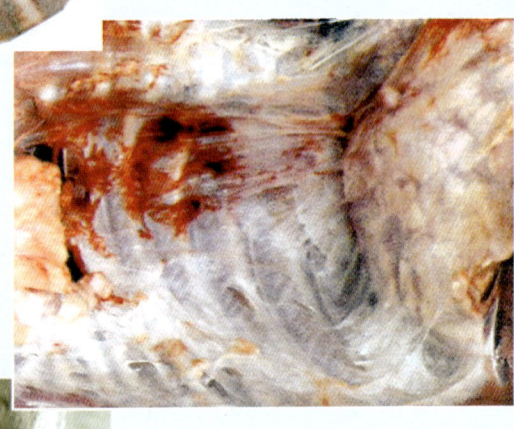

图 3-21 胃出血、溃疡

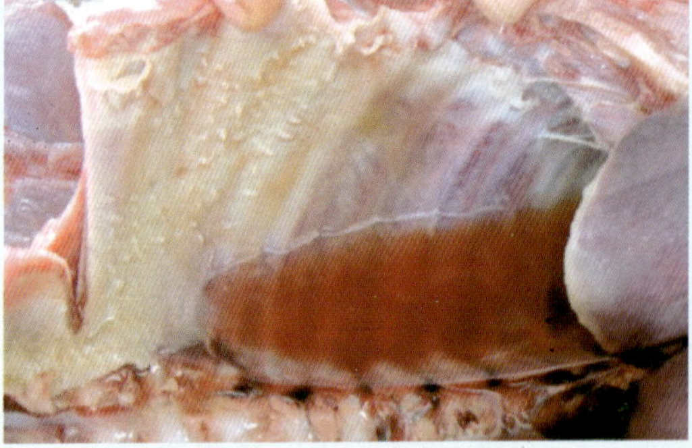

图3-22 胸廓附有一层灰白色纤维素性渗出物

【鉴别诊断】 见表3-2。

表3-2 与猪传染性胸膜肺炎病的鉴别诊断

| 病 名 | 症 状 |
|---|---|
| 猪瘟 | 剖检回盲瓣有钮扣状溃疡，脾边缘梗死 |
| 猪繁殖与呼吸综合征 | 发病初期有类似流感症状，母猪出现流产、早产和死产。剖检可见褐色、斑驳状间质性肺炎，淋巴结肿大，呈褐色 |
| 猪流行性感冒 | 剖检肺有下陷的深紫色区。抗生素治疗无效 |
| 猪肺疫 | 咽喉部肿胀。剖检皮下胶冻样淡黄色或灰青色纤维素性浆液，肺切面大理石样，胸膜和肺粘连 |
| 猪链球菌病 | 眼结膜潮红，流泪，跛行。运动失调，转圈，磨牙，四肢做游泳动作等神经症状 |
| 猪气喘病 | 反复干咳，无疼痛反应。剖检肺心叶、尖叶、中间叶、膈叶出现对称性"肉变"或"虾肉样变" |

【防治措施】 预防本病可接种猪传染性胸膜肺炎灭活苗。发生本病应隔离病猪，及时治疗，氨苄西林、泰妙菌素、林可霉素等均有一定疗效。

## 三、猪传染性萎缩性鼻炎

(Swine infectious atrophic rhinitis，AR)

猪传染性萎缩性鼻炎是一种由支气管败血波氏杆菌和产毒素多杀巴氏杆菌引起的猪呼吸道慢性传染病。其中产毒素多杀巴氏杆菌为主要病原。主要特征为主鼻甲骨萎缩，鼻部变形及生长迟滞。

【诊断要点】

1. 流行病学 本病可感染不同年龄的猪，幼猪的病变最为明显，多发于春、秋两季，呈地方性流行或散发。病猪和带菌猪是主要传染源，通过飞沫经呼吸道传性染给健康猪。

**2. 临床表现** 病猪出现打喷嚏、流鼻涕等症状，产生浆液性或黏液性鼻液。鼻腔阻塞、呼吸困难、急促（图3-23至图3-26）。

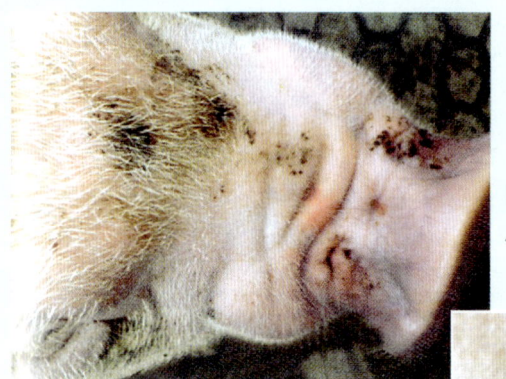

图3-23 鼻向右歪，鼻部皮肤形成皱褶（徐有生）

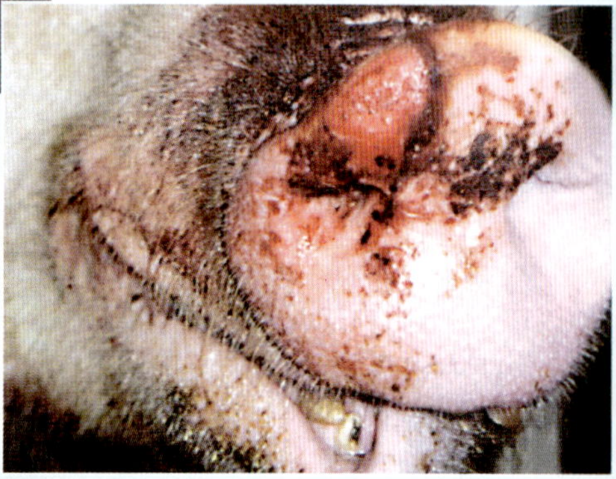

图3-24 病猪鼻出血（孙锡斌等）

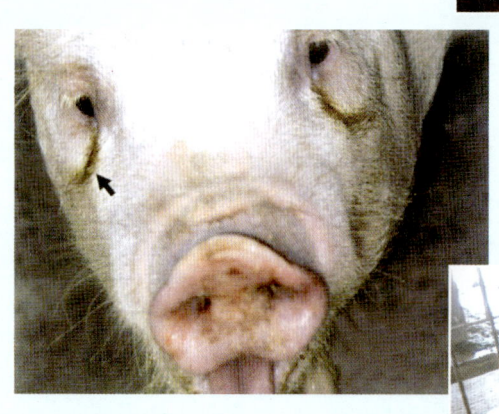

图3-25 眼角"泪斑"，短颌和鼻背部皮肤皱褶（孙锡斌等）

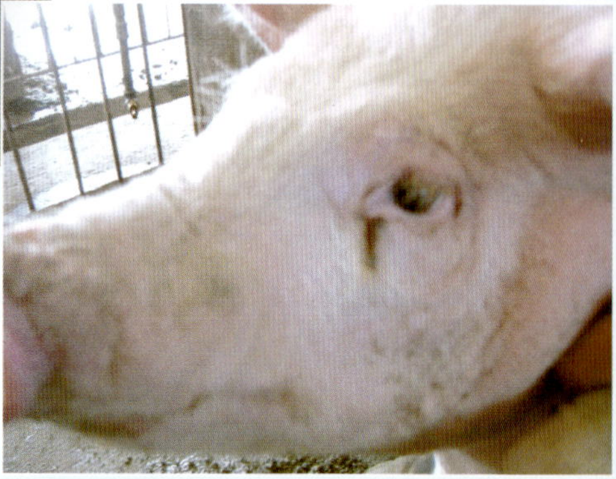

图3-26 眼角有"泪斑"，鼻部肿胀

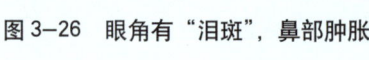

**3. 病理剖检变化** 病变仅限于鼻腔的邻近组织,最特征的变化是鼻腔的软骨和骨组织的软化和萎缩。鼻黏膜常有黏脓性或干酪样分泌物(图3-27,图3-28)。

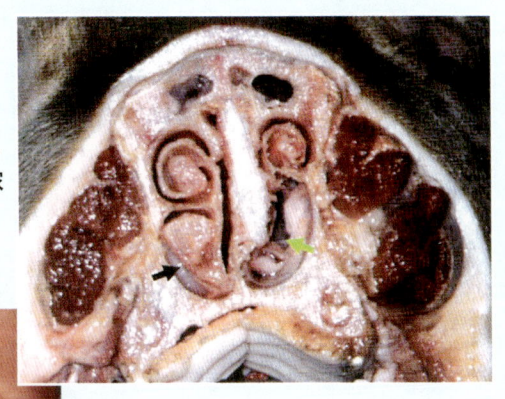

图3-27 鼻中隔变形,鼻甲骨萎缩,鼻窦有脓性分泌物(孙锡斌等)

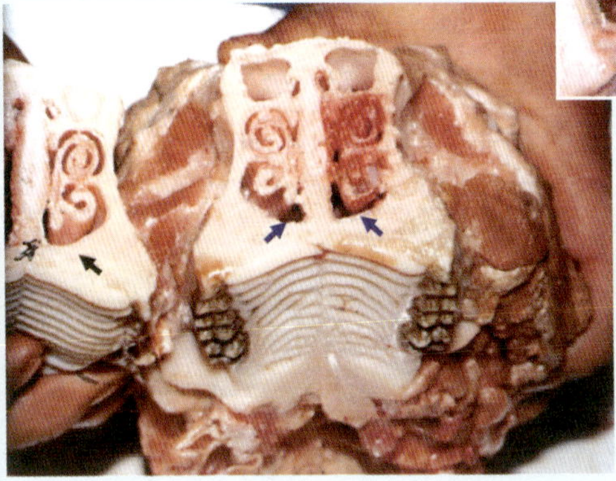

图3-28 鼻甲骨卷曲萎缩(孙锡斌等)

【防治措施】 受到本病威胁时,可免疫接种本病的油佐剂二联灭活苗。药物治疗时使用卡那霉素、强力霉素、磺胺类药物、泰乐菌素等都有一定的疗效。

## 四、猪支原体肺炎

(Mycoplasmal pneumonia of swine,MPS)

猪支原体肺炎俗称猪喘气病,是由猪肺炎支原体(Mycoplasma hyopneumoniae)引起的一种慢性呼吸道接触性传染病。特征为咳嗽和气喘。

【诊断要点】

1. 流行病学　本病可感染不同年龄、品种的猪，乳猪和仔猪易感性高，其次为妊娠后期和哺乳期的母猪。病猪和隐性带菌猪在咳嗽、喷嚏时，排出大量病原，经呼吸道传染给健康猪。本病一旦传入，要采取严密的措施，否则很难彻底扑灭。

2. 临床表现

（1）急性型　表现呼吸急促、干咳。

（2）慢性型　表现呼吸困难，张口喘气，精神沉郁，食欲减退，结膜发绀，怕冷，行走无力（图 3-29）。

图 3-29　咳嗽、口鼻流沫、呼吸困难、呈犬坐姿势（孙锡斌等）

3. 病理剖检变化

（1）急性型　表现肺泡性肺气肿，两侧肺体积高度膨大，被膜紧张，呈灰白、灰红、橘红色，切面湿润，常伴有间质水肿、气肿（图 3-30 至图 3-33）。

图 3-30　肺小叶肉变

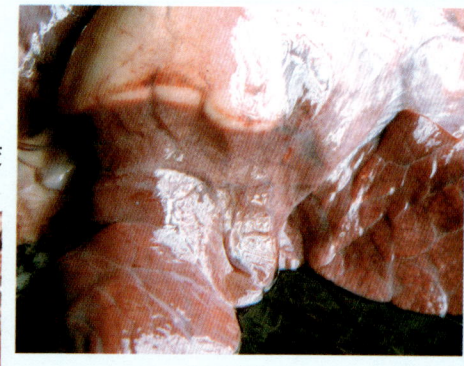

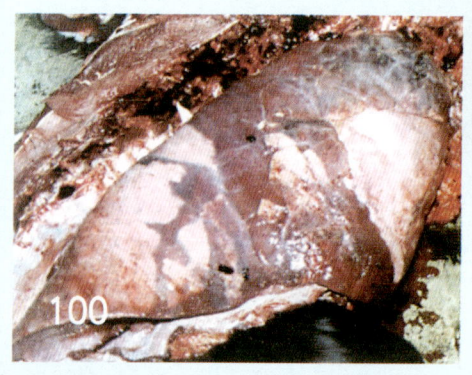

图 3-31　肺发生肉变与气肿（孙锡斌等）

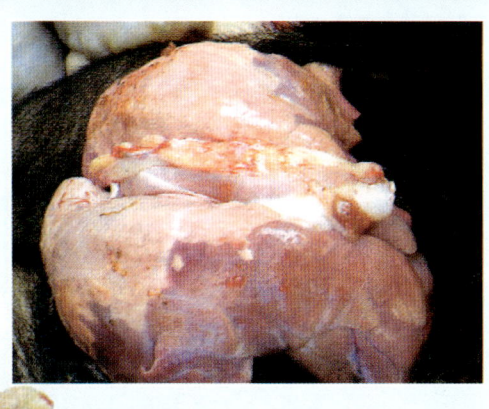

图 3-32 肺的尖叶、膈叶呈现肉变（林太明等）

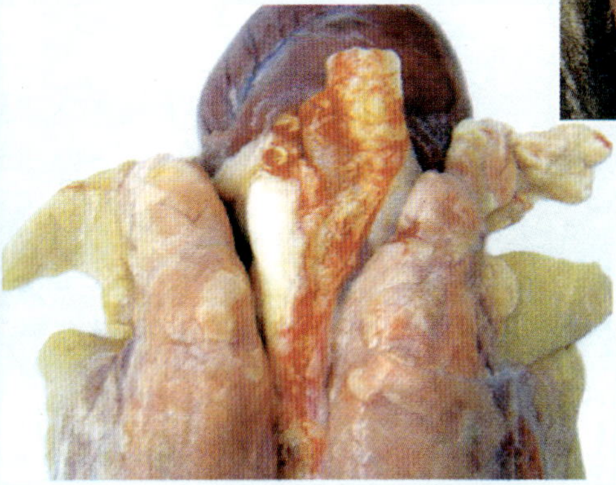

图 3-33 肺间质性炎症，呈胰腺样外观（林太明等）

（2）慢性型 病猪肺的病变呈对称性与健康组织界限明显，切面组织致密，支气管淋巴结和纵隔淋巴结肿大、切面灰白色（图3-34，图3-35）。

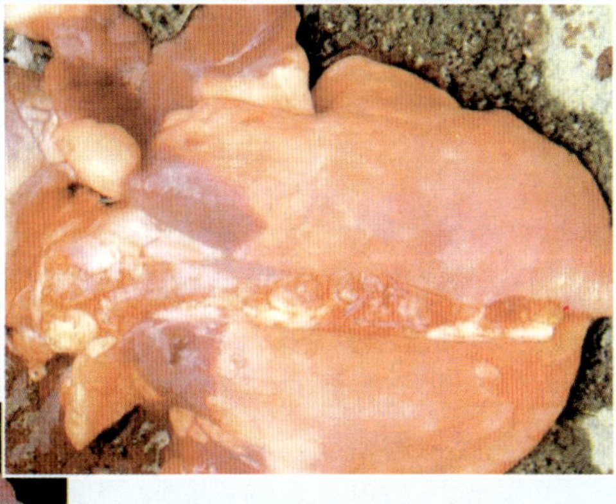

图 3-34 肺脏对称性肉样变性（白挨泉等）

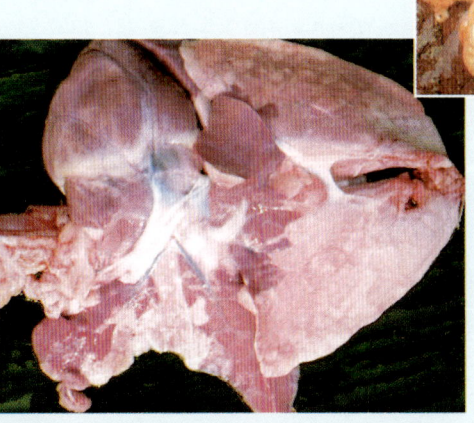

图 3-35 肺脏心叶胰变（白挨泉等）

101

**【鉴别诊断】** 见表3-3。

表3-3 与猪支原体病的鉴别诊断

| 病　名 | 症　状 |
|---|---|
| 猪繁殖与呼吸综合征 | 剖检弥散性肺炎,胸部淋巴结水肿、增大、呈褐色,母猪可出现死胎、流产和木乃伊胎 |
| 猪流行性感冒 | 眼、鼻流黏性分泌物。剖检咽、喉、气管、支气管有黏稠的黏液,肺心叶、尖叶、中间叶和膈叶发生肉变,肺部有下陷的深紫色区 |
| 猪肺疫 | 皮肤有紫斑和小出血点。剖检纤维素性肺炎,全身浆膜、黏膜、皮下组织大量出血点,全身淋巴结出血 |
| 猪传染性胸膜肺炎 | 剖检肺弥漫性出血性坏死,尤其是膈叶背侧,严重的与胸膜粘连,还可引起胸膜炎 |

**【防治措施】** 预防可用猪喘气病灭活苗进行免疫接种。治疗中常用的药物有土霉素、卡那霉素、喹诺酮类和大环内酯类抗生素等,都有较好的疗效。

## 五、猪副嗜血杆菌病

(Haemophilus suis,HPS)

猪副嗜血杆菌病是由猪副嗜血杆菌引起猪的多发性浆膜炎和关节炎的细菌性传染病。

**【诊断要点】**

1. 流行病学　本病主要感染仔猪,断奶后10天左右多发。患猪或带菌猪主要通过空气,经呼吸道感染健康猪,消化道和其他传染途径也可感染。此外,本病的发生还与猪抵抗力、环境卫生、饲养密度等有极大的关系。

2. 临床表现　本病多呈继发感染和混合感染,缺乏特征性症状。一般病猪表现体温升高、食欲不佳、精神沉郁、关节肿胀、疼痛,一侧跛行。患猪侧卧或颤抖,共济失调,逐渐消瘦,被毛粗糙，出现腹式呼吸，可视黏膜发绀（图3-36至图3-38）。

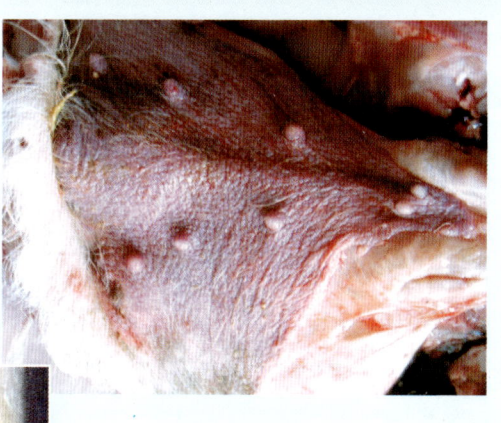

图3-36　腹部发绀

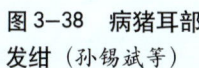

图3-37　病猪跗关节肿大（徐有生）

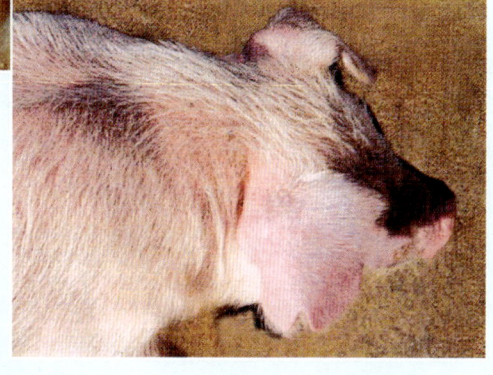

图3-38　病猪耳部发绀（孙锡斌等）

3. 病理剖检变化　　全身淋巴结肿大，切面颜色呈灰白色。胸膜、腹膜、心包膜和关节浆膜出现纤维素性炎。胸腔和心包内有大量淡黄色积液（图3-39至图3-51）。

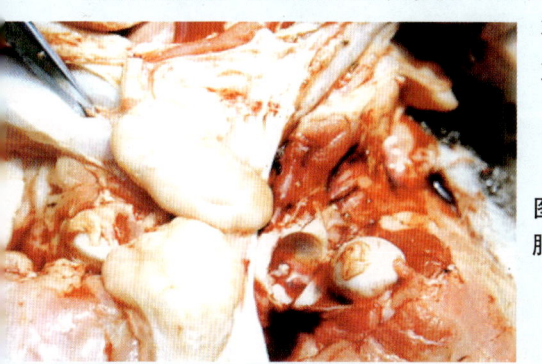

图3-39　腹股沟淋巴结肿大灰白色（宣长和等）

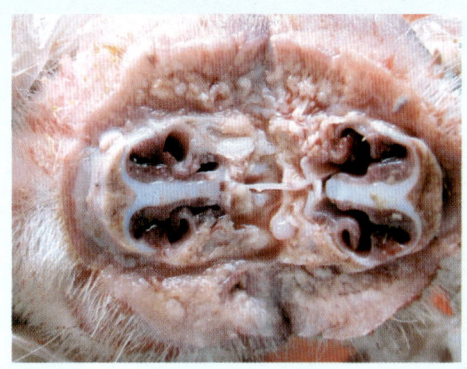

图 3-40　鼻黏膜充血

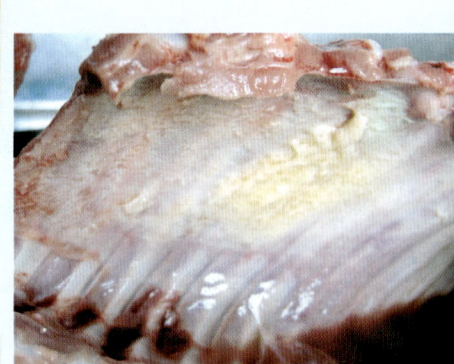

图 3-41　胸廓上附有一层灰白色纤维素性渗出物

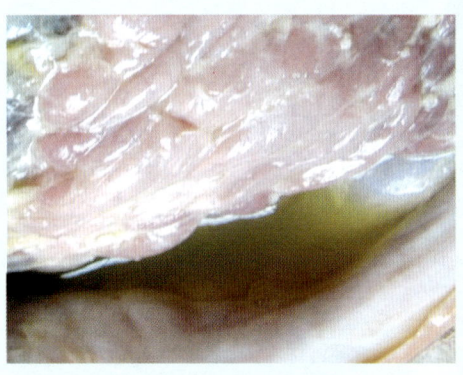

图 3-42　腹膜炎，腹腔积有黄色的液体

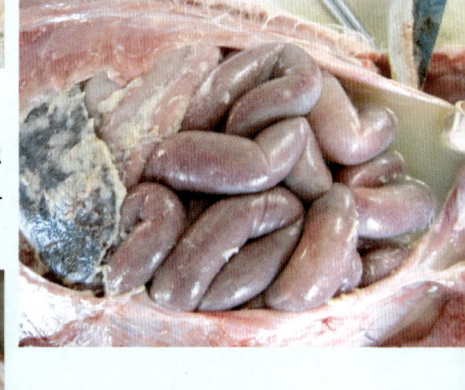

图 3-43　腹腔有浑浊液体，肠管充气、充血

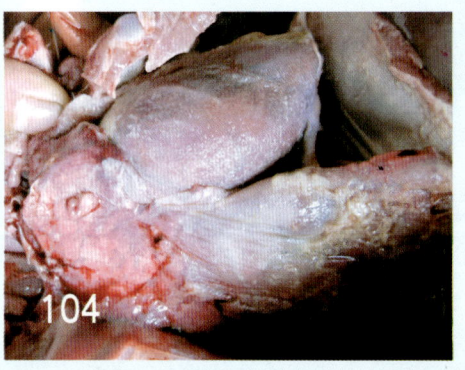

图 3-44　心包腔、心外膜有大量纤维素性渗出物

图3-45 肝、脾表面附有一薄层灰白色纤维素性渗出物

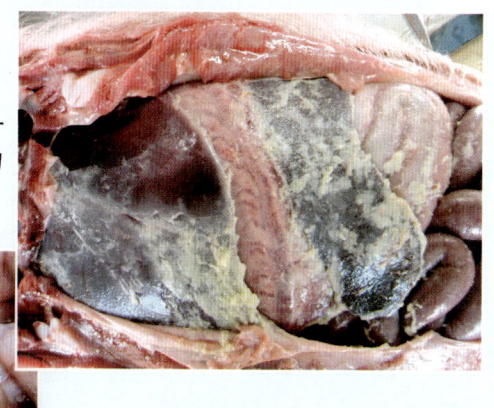

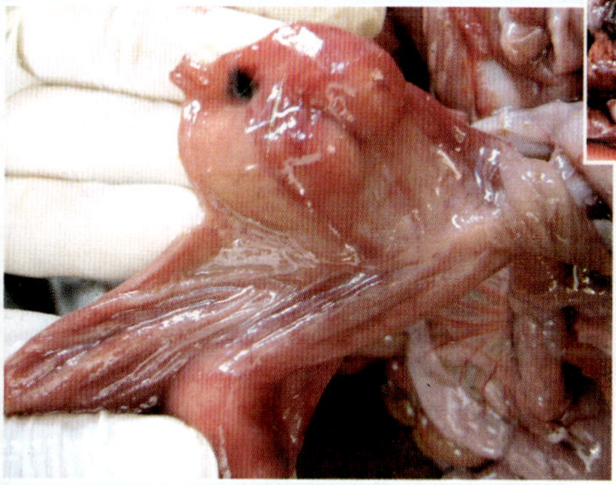

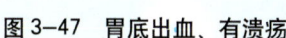

图3-46 盲肠出血变薄

图3-47 胃底出血、有溃疡

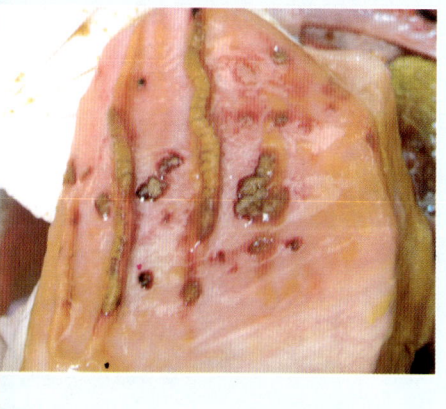

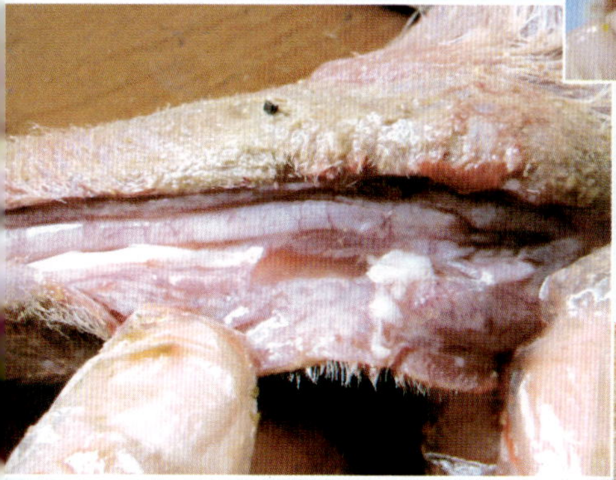

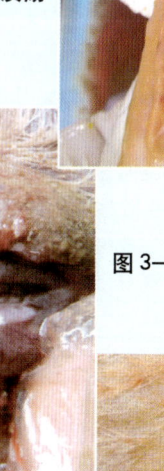

图3-48 跗关节周围胶冻样肿胀

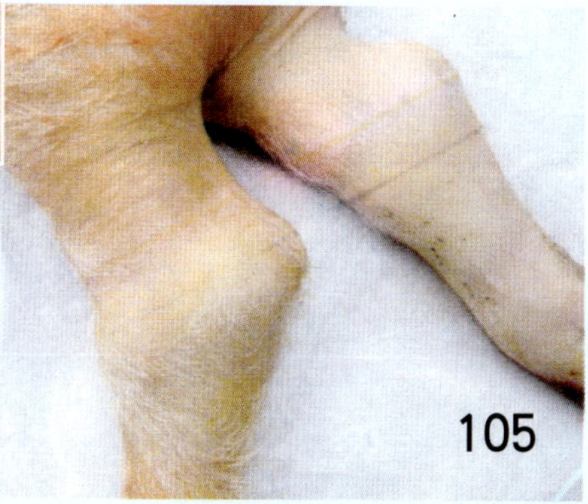

图3-49 后肢关节肿大（白挨泉等）

105

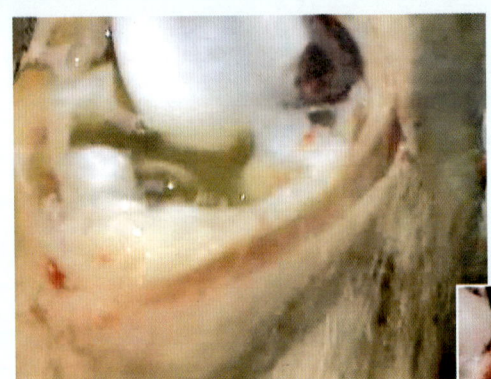

图 3-50　跗关节内有黄色黏液

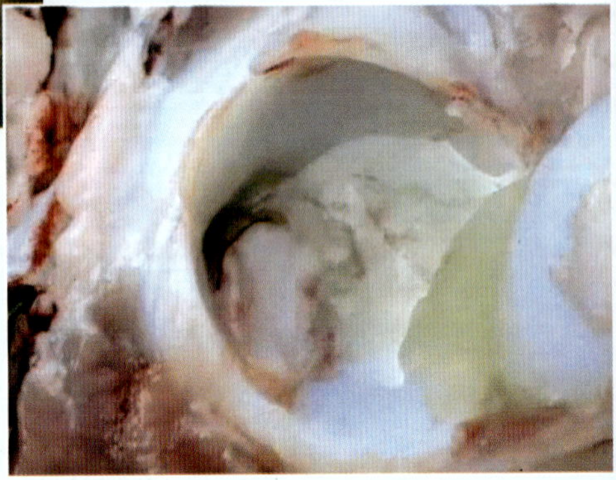

图 3-51　髋关节内有黄色关节液

【鉴别诊断】　见表 3-4。

表 3-4　与猪副嗜血杆菌病的鉴别诊断

| 病　名 | 症　状 |
|---|---|
| 猪传染性胸膜肺炎 猪肺疫 | 剖检病变局限于胸腔，出现纤维素性胸膜炎和心包炎 呼吸困难，胸部有剧烈的疼痛感。剖检可见咽喉肿胀，全身淋巴结充血、出血 |
| 猪链球菌病 | 病程短，呼吸急促，流浆液性鼻液，伴有神经症状。剖检可见败血症变化 |
| 猪多发性浆膜炎 | 浆膜内出现淋巴细胞结节，浆膜有陈旧的、机化的纤维素性粘连病灶 |

【防治措施】　大多数的猪副嗜血杆菌对氨苄西林、氟喹诺酮类、头孢菌素、四环素、庆大霉素和增效磺胺类药物敏感，对红霉素、壮观霉素和林可霉素有抵抗力。

预防本病可使用猪副嗜血杆菌病灭活苗，母猪接种后可对 4 周龄以内的仔猪产生免疫力。此时可用相同血清型灭活菌苗激发小猪的免疫力。

## 六、猪肺疫

(Swine pasteurellosis)

猪肺疫是由多杀性巴氏杆菌所引起的一种急性、热性传染病。最急性型呈败血症变化，急性型呈纤维素性胸膜炎症状，慢性型症状不明显，逐渐消瘦，有时伴有关节炎。

【诊断要点】

1. 流行病学　本病对多种动物和人均有致病性，多为散发，有时可呈地方性流行，冷热交替、气候剧变、闷热、多雨、潮湿时期多发。发病的畜禽和带菌畜禽是主要的传染源。

2. 临床表现

（1）最急性型　呈败血症症状，迅速死亡。主要表现食欲废绝、全身衰弱，卧地不起、烦躁不安。颈下咽喉红肿、发热，可视黏膜发绀，腹侧、耳根和四肢内侧皮肤出现红斑。

（2）急性型　主要表现纤维素性胸膜肺炎症状。初期表现体温升高，发生短而干的痉挛性咳嗽，有黏稠性鼻液，有时混有血液。严重表现呼吸困难、犬坐姿势，可视黏膜发绀（图3-52至图3-57）。

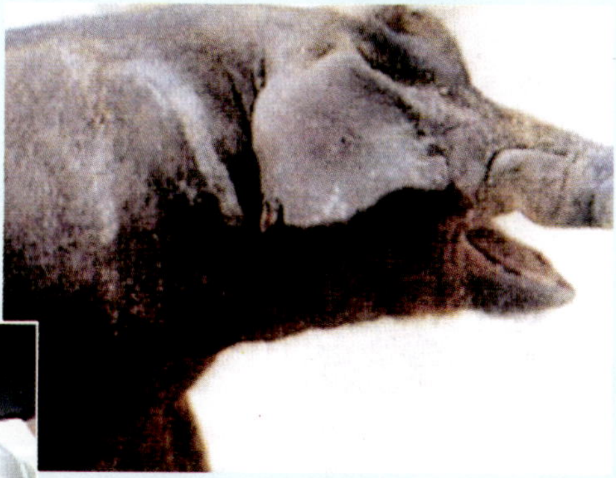

图3-52　呼吸困难，张口呼吸（白挨泉等）

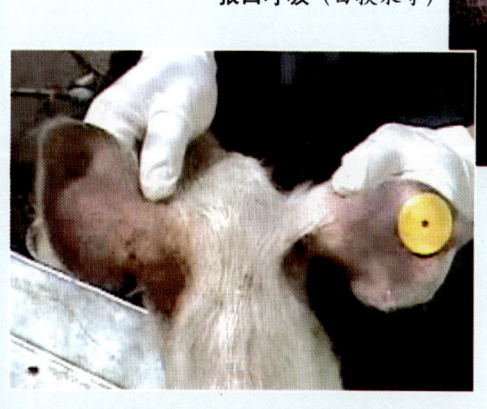

图3-53　耳发绀

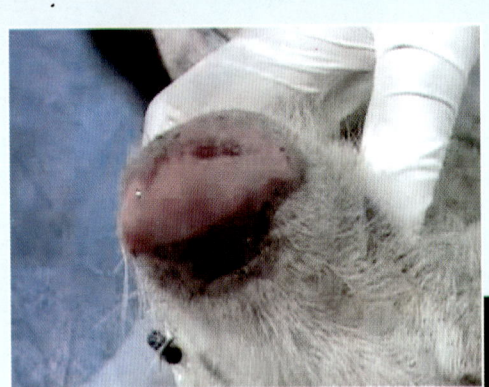

图 3-54　吻突发紫

图 3-55　下颌皮下水肿严重

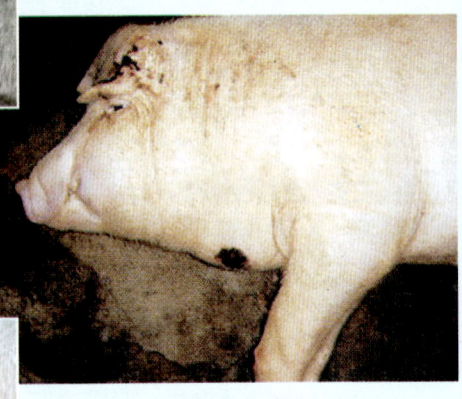

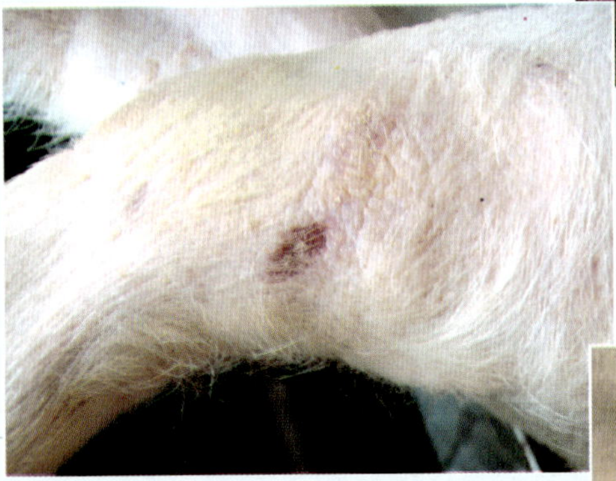

图 3-56　皮肤有结痂

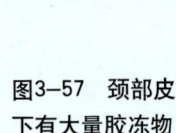

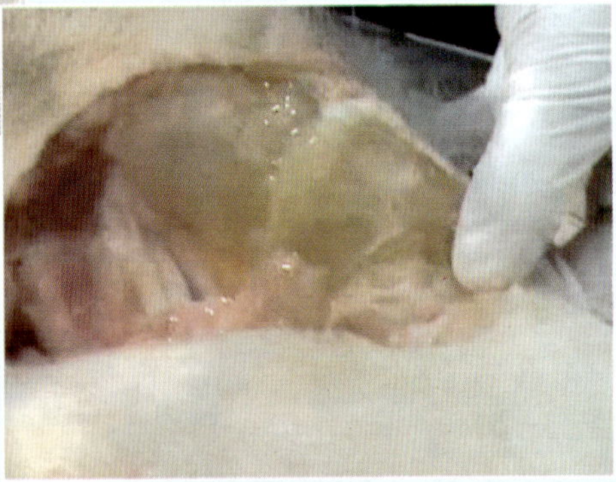

图3-57　颈部皮下有大量胶冻物

(3) 慢性型　主要表现慢性肺炎或慢性胃肠炎症状。病猪精神沉郁、食欲减退，持续性咳嗽和呼吸困难。极度消瘦，常有腹泻现象（图 3-58）。

图3-58 消瘦，成为僵猪（白挨泉等）

### 3.病理剖检变化

（1）最急性型 病猪剖检可见咽喉黏膜下组织均呈急性出血性炎性水肿，有多量黄色、透明液体流出，有的组织呈黄色胶冻样。全身淋巴结肿大、充血、出血，有的可发生坏死（图3-59至图3-62）。

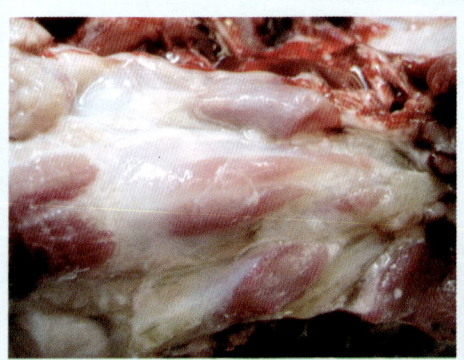

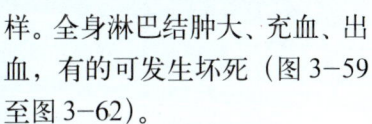

图3-59 颈部有胶冻物浸润

图3-60 肺门淋巴结出血，周边有大量胶冻物

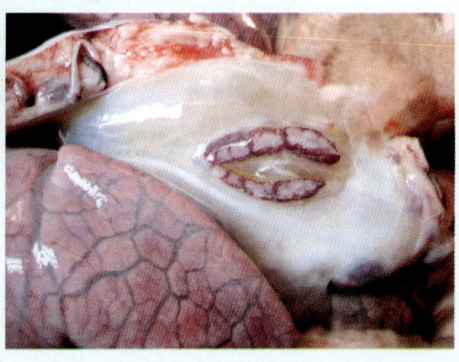

图3-61 胃门淋巴结出血

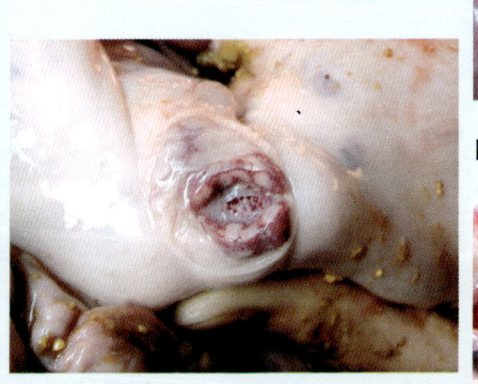

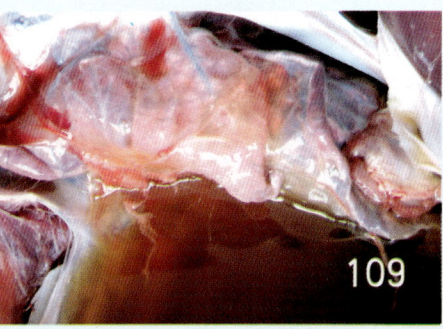

图3-62 胸腔积黄色液体，肺脏有胶冻物

（2）急性型　病猪全身浆膜和黏膜见有点状出血。胸、腹腔和心包腔内液体量增多。肺多数表现淤血、水肿、组织内存在局灶性红色肝变病灶。肺门淋巴结肿大、出血。肺表面呈暗红色、被膜粗糙，小叶间质增宽、水肿，呈大理石样外观（图3-63至图3-68）。

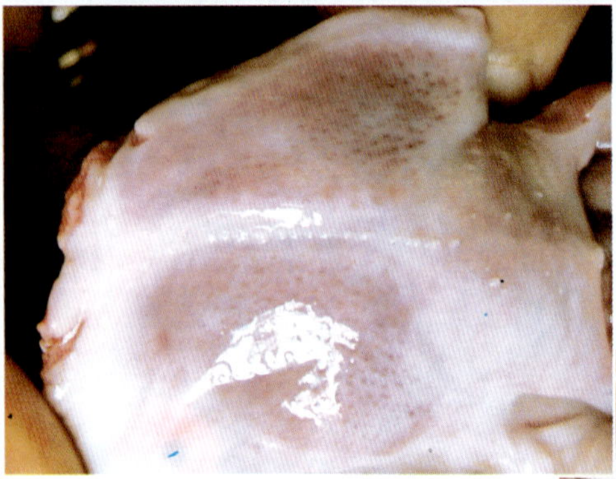

图3-63　扁桃体充血、出血

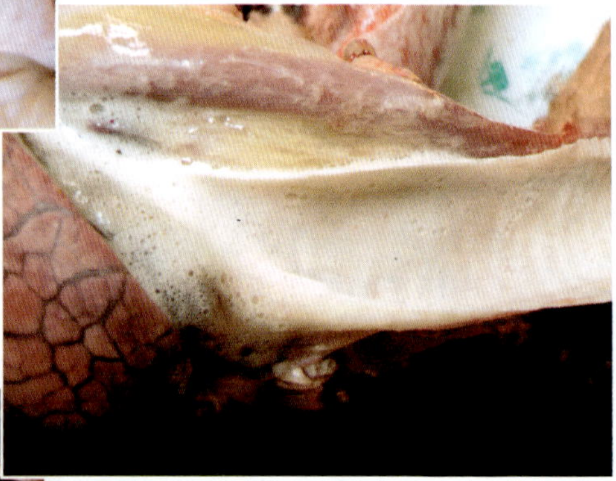

图3-64　肺间质增宽、气管内有大量白色泡沫

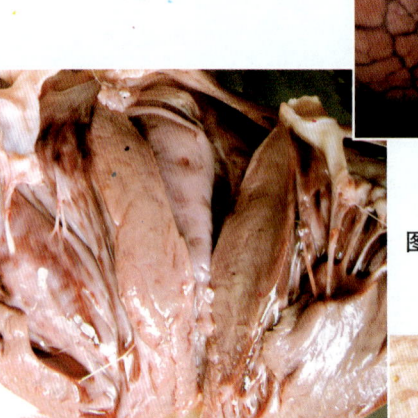

图3-65　心内膜出血

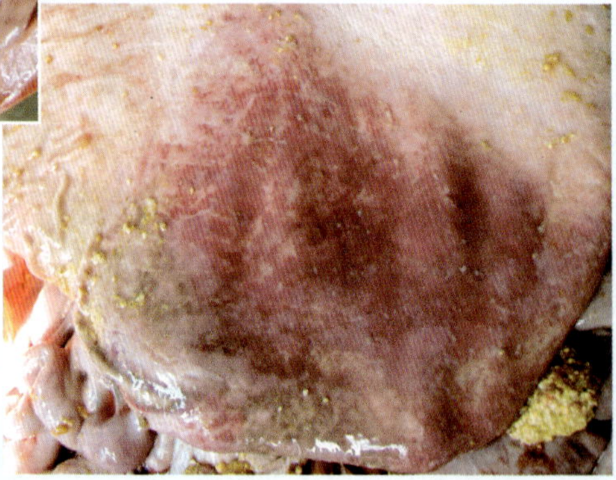

图3-66　胃红布样出血

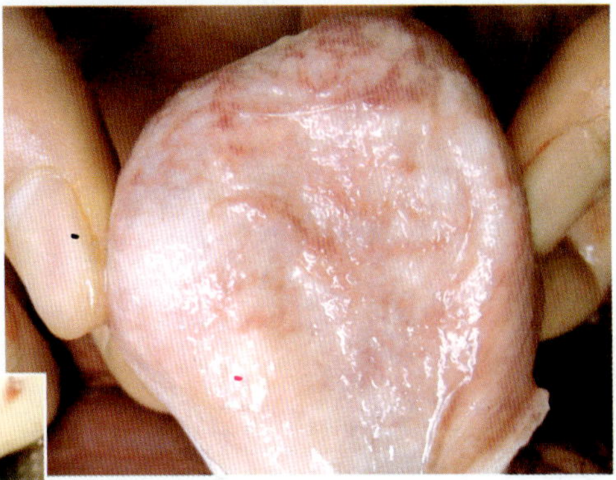

图 3-67 膀胱充血

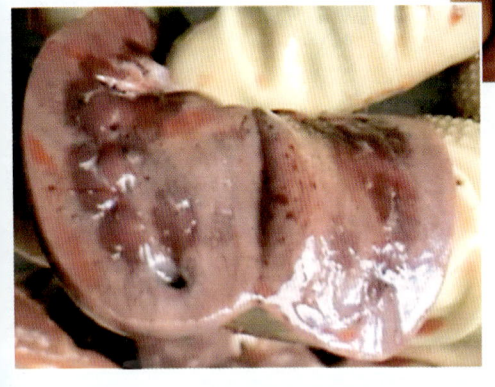

图 3-68 肾切面充血,乳头出血

(3)慢性型 病猪肺部发生肝变,出现灰黄色坏死或化脓灶。肺、肋、胸膜常粘连,有时有化脓性关节炎(图 3-69 至图 3-72)。

图 3-69 肺表面见散在局灶性化脓灶(孙锡斌等)

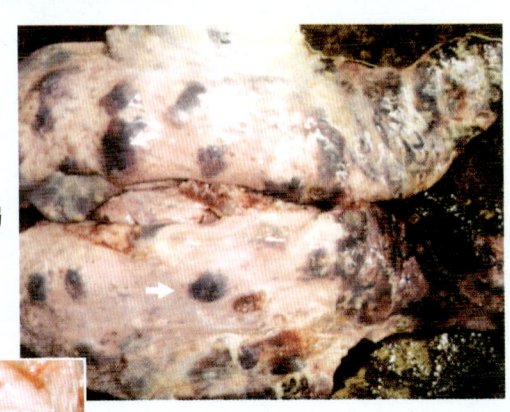

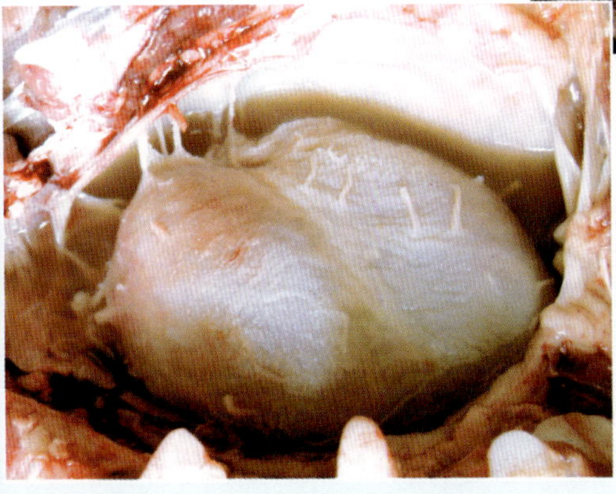

图 3-70 心脏表面覆盖纤维素,也称"绒毛心"

111

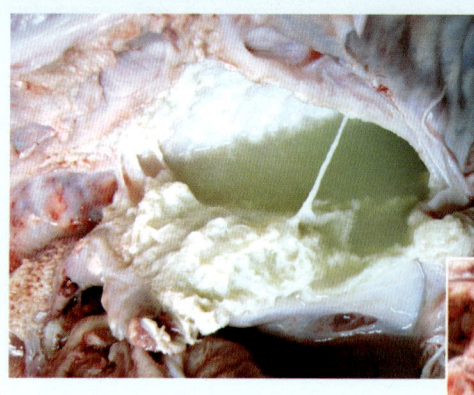

图 3-71 胸腔积有黄色浑浊液体,有大量纤维素渗出

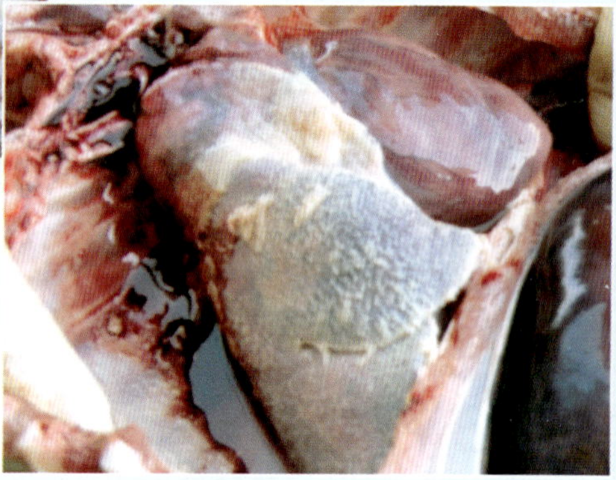

图 3-72 肺脏表面大量纤维素渗出

【鉴别诊断】 见表 3-5。

表 3-5 与猪肺疫病的鉴别诊断

| 病 名 | 症 状 |
| --- | --- |
| 猪瘟 | 剖检全身淋巴结肿大、呈大理石样,扁桃体出血或坏死,脾边缘有梗死,回盲瓣有钮扣状溃疡,肾脏、膀胱黏膜有密集的出血点。抗生素和磺胺类药物治疗无效 |
| 猪繁殖与呼吸综合征 | 发病初期有类似流感的症状。妊娠母猪流产、死胎、木乃伊胎。剖检可见间质性肺炎、呈褐色、斑驳状,淋巴结肿大、呈褐色 |
| 猪流行性感冒 | 眼结膜充血、肿胀、流黏性分泌物。剖检咽、喉、气管和支气管有黏稠的黏液,肺水肿、有下陷的深紫红色区 |
| 猪丹毒 | 皮肤有菱形、圆形和方形疹块。剖检脾呈樱红色,心瓣膜有血栓性赘生物 |
| 猪支原体肺炎 | 反复干咳,不出现疼痛反应。剖检出现融合性支气管炎,肺尖叶、心叶、中间叶和膈叶出现"肉样"或"虾肉样"实变,呈对称性分布 |
| 猪传染性胸膜肺炎 | 口、鼻流出泡沫样血色分泌物。剖检肺出现弥漫性出血性坏死,尤其是膈叶背侧特别明显 |

续表 3-5

| 病 名 | 症 状 |
|---|---|
| 猪副伤寒 | 腹泻，粪便淡黄色或灰绿色，皮肤弥漫性湿疹。剖检肠系膜淋巴结索状肿胀、呈灰白色，盲肠和结肠有不规则溃疡，附有假膜 |
| 猪炭疽病 | 天然孔出血 |
| 猪弓形虫病 | 粪便干燥、暗红色。剖检肺膨大、有光泽、表面针尖大出血点，膈叶和心叶间质水肿，切面流出泡沫状液体，回盲瓣有点状溃疡，肠系膜淋巴结索状肿胀、切面多汁、有灰白灶和出血点 |

【防治措施】 常发地区可口服猪肺疫弱菌苗来预防本病的发生。

最急性和急性的病猪，早期使用抗血清治疗，效果较好。青霉素、链霉素、四环素类和大环内酯类抗生素等对本病都有一定疗效。

## 七、猪附红细胞体病

### (Eperythrozoonosis，EPE)

猪附红细胞体病是由附红细胞体(Eperythrozoon)引起的一种人、兽共患传染病，以贫血、黄疸和发热为特征。

【诊断要点】

1. **流行病学** 本病可感染多种动物和人，任何年龄的猪都可感染，主要发生在夏、秋或雨水较多的季节。病猪和隐性感染猪是本病的主要传染源。可能通过接触性传播、血源性传播、垂直传播及媒介昆虫传播等方式传染给猪。

2. **临床表现** 断奶仔猪感染后表现体温升高、食欲不振、精神委顿、贫血、黏膜苍白。感染母猪主要表现厌食、发热、产奶量下降、可能出现繁殖障碍。肥育猪感染后，皮肤潮红。毛孔处有针尖大微红斑，体温升高、精神萎靡、食欲不振（图3-73至图3-77）。

图3-73 全身皮肤和可视黏膜苍白、贫血黄染（徐有生）

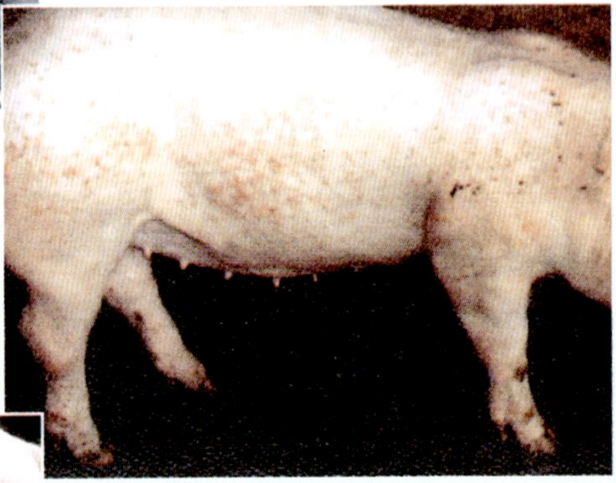

图3-74 全身皮肤荨麻疹（徐有生）

图3-75 皮肤充血（白挨泉等）

图3-76 全身皮肤黄染（白挨泉等）

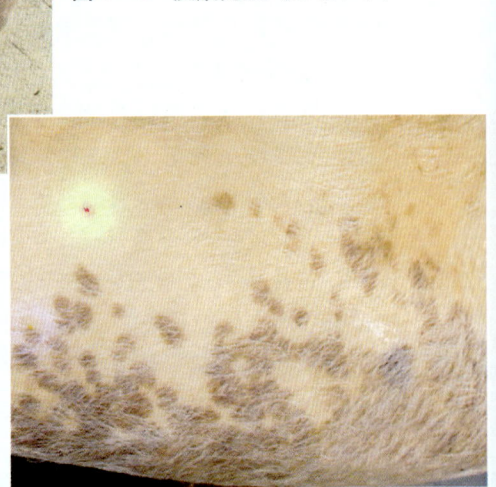

图3-77 母猪发生高热、流产、食欲不振（林太明等）

**3. 病理剖检变化** 主要病变可见皮下黏膜和浆膜苍白、黄染，皮下组织弥漫性黄染（图3-78至图3-94）。

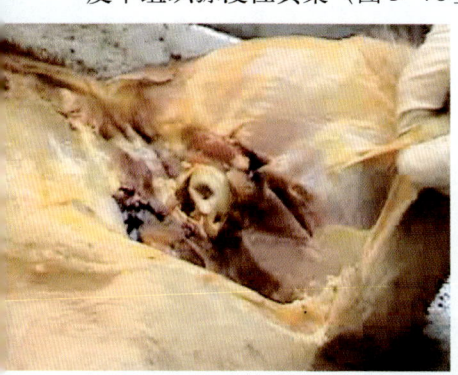

图3-78 皮下黄染

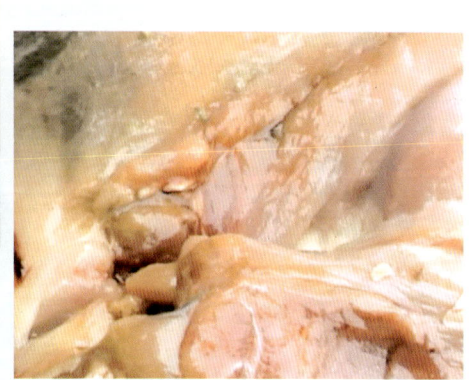

图3-79 肌肉黄染

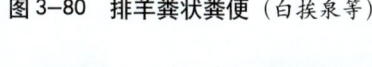

图3-80 排羊粪状粪便（白挨泉等）

图3-81 大网膜黄染

115

图3-82 猪肠浆膜黄染（白挨泉等）

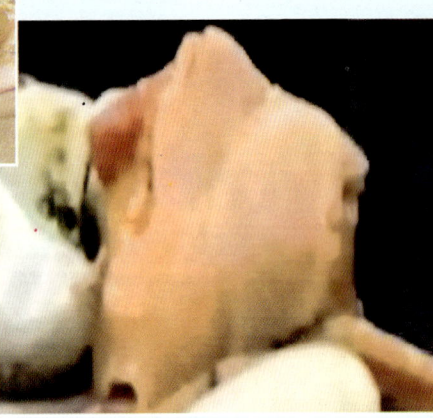

图3-83 扁桃体黄染

图3-84 动脉管黄染

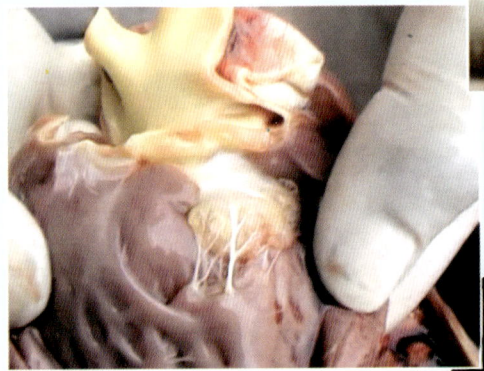

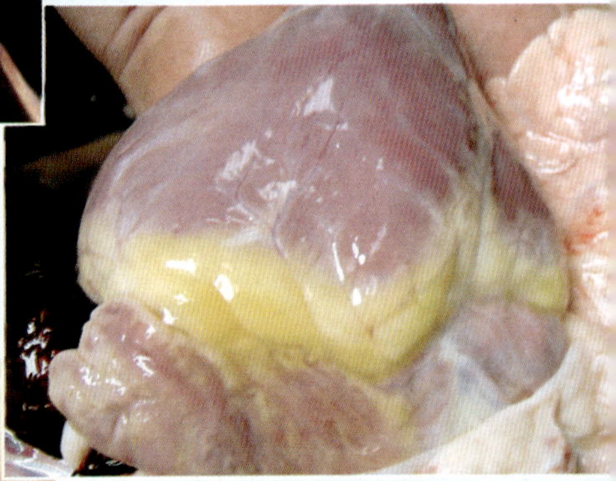

图3-85 冠状脂肪黄染

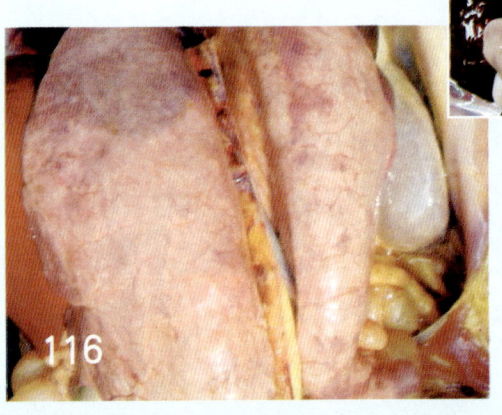

图3-86 肺脏弹性降低、黄染（白挨泉等）

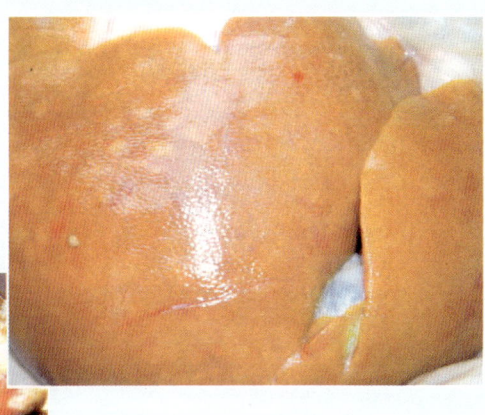

图3-87 肝脏肿大、黄染、质地变脆（白挨泉等）

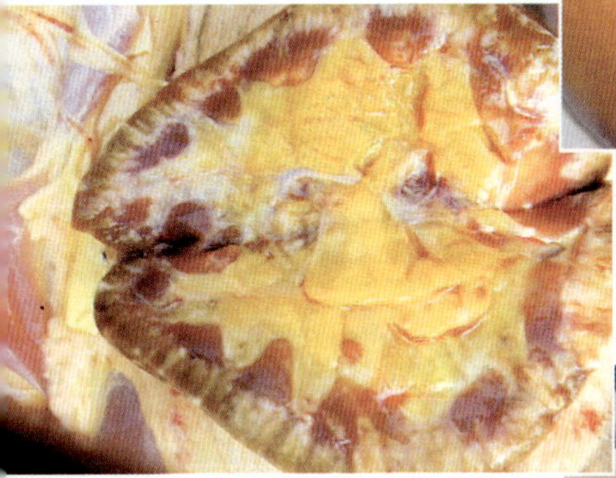

图3-88 肾脏切面黄疸（白挨泉等）

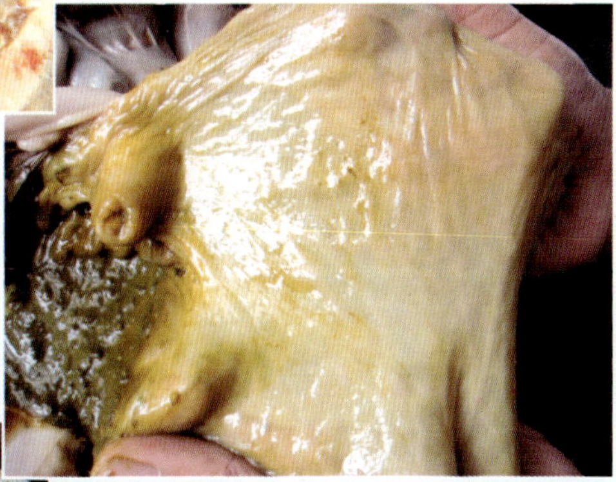

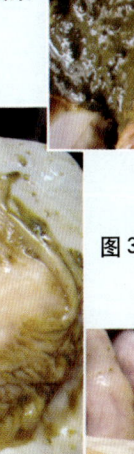

图3-89 盲肠黄染

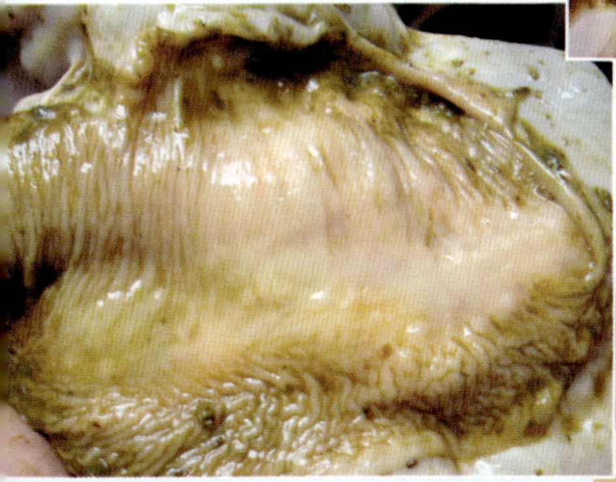

图3-90 结肠黄染

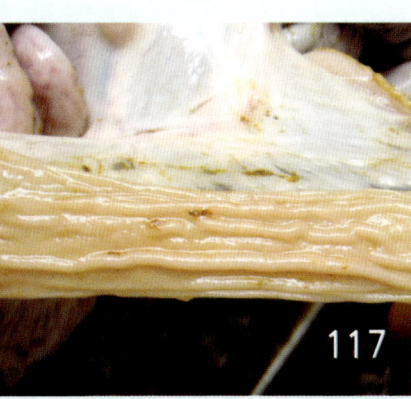

图3-91 小肠黄染

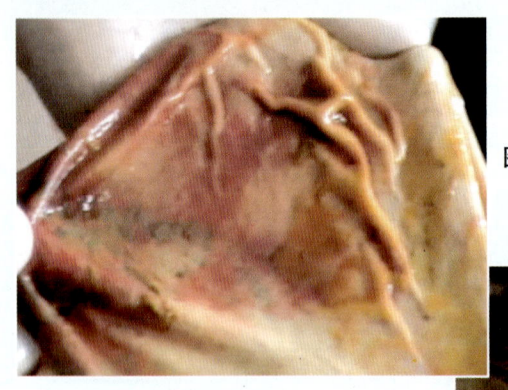

图 3-92 胃底部出血

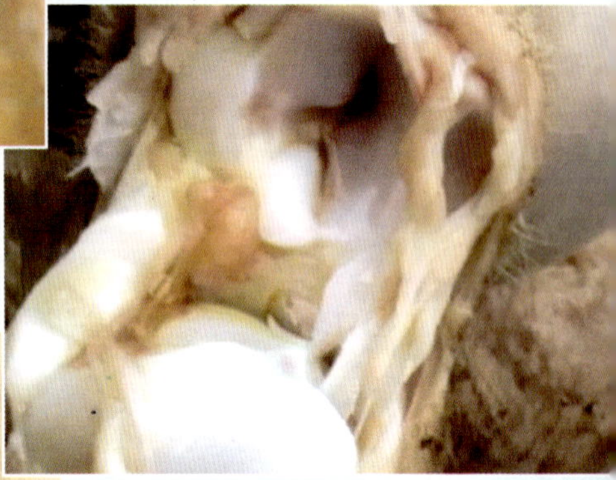

图 3-93 关节黄染

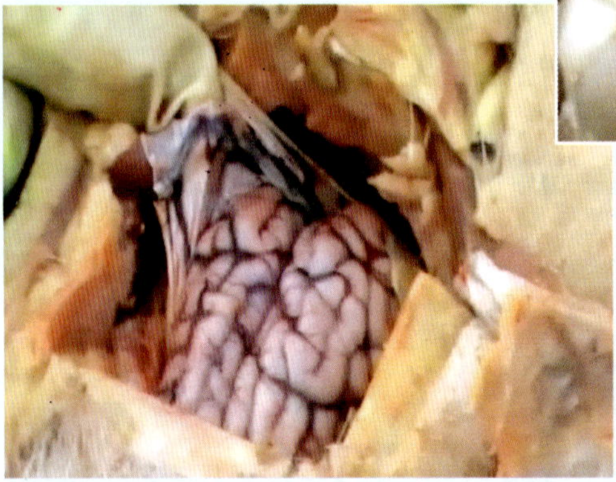

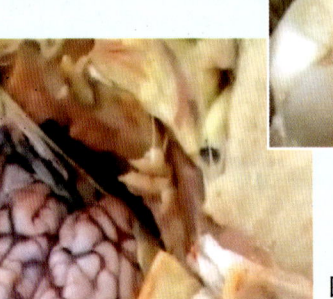

图 3-94 脑出血，皮下黄染

【鉴别诊断】 见表3-6。

表 3-6 与猪附红细胞体病的鉴别诊断

| 病 名 | 症 状 |
| --- | --- |
| 猪 瘟 | 剖检喉、咽、扁桃体、皮下脂肪出血，肠系膜淋巴结暗紫、切面出血，肾包膜下有出血点，脾边缘有梗死，回盲瓣钮扣状溃疡 |
| 猪肺疫 | 咽喉肿胀，流涎，痉挛性干咳。剖检咽喉部及周围结缔组织出血性浆液浸润，纤维素性肺炎，胸膜与肺粘连 |
| 猪支原体肺炎 | 体温正常。剖检肺心叶、尖叶、中间叶肉变或胰变 |
| 猪传染性胸膜肺炎 | 口鼻流出泡沫状血色分泌物。剖检肺门处出血性突变或坏死区，肺前部肺炎病变 |

续表 3-6

| 病 名 | 症 状 |
|---|---|
| 猪李氏杆菌病 | 全身衰竭，口渴，僵硬，皮疹。剖检肝局灶性坏死，脾、淋巴结、肺、心肌、胃肠道等处也有小坏死灶 |
| 猪弓形虫病 | 异嗜，流水样鼻液。剖检肺膨大、表面有出血点，肠系膜淋巴结索状肿大，回盲瓣点状溃疡 |
| 猪缺铁性贫血 | 多发于出生后 8~9 天。易继发腹泻或与便秘交替出现 |
| 猪胃溃疡 | 多发于较大的架子猪。出现腹痛、呕吐，排煤焦油样黑便。剖检食管部、幽门区及胃底黏膜溃疡 |

## 八、猪呼吸道病综合征

### (PRDC)

猪呼吸道病综合征是由多种病毒和细菌混合感染引起的一种以侵害呼吸道为特征的高致死性传染病。引起发病的主要病毒包括繁殖与呼吸综合征病毒、圆环病毒、流感病毒、伪狂犬病毒和猪瘟病毒，主要的细菌包括链球菌、巴氏杆菌、放线杆菌、副猪嗜血杆菌、沙门氏菌和附红细胞体等。

【诊断要点】

1. 流行病学　本病可感染不同年龄、品种的猪只，妊娠母猪和仔猪最为易感，尤其是 14 周龄肥育猪。发病猪和隐性感染猪是本病的主要传染源，经呼吸道传播。发病率和死亡率在不同的感染情况下有一定差异。

2. 临床表现　病猪表现咳嗽、气喘、腹式呼吸、眼肿胀。生长缓慢，母猪产弱仔、死仔。皮肤出血、有红色疹块（图3-95至图3-98）。

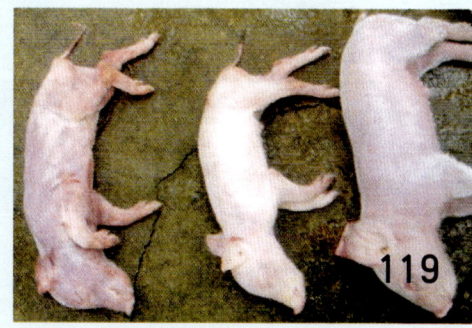

图3-95　母猪产下的弱仔、死仔（白挨泉等）

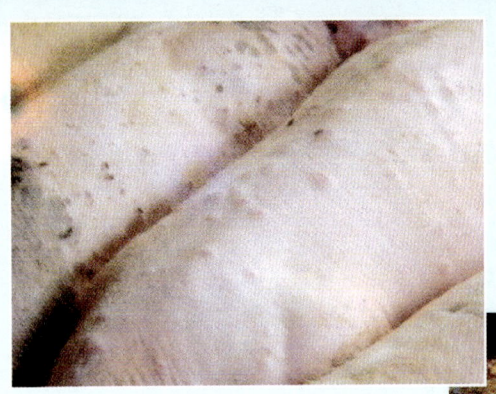

图 3-96　生长猪皮肤出血，形成红色疹块

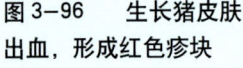

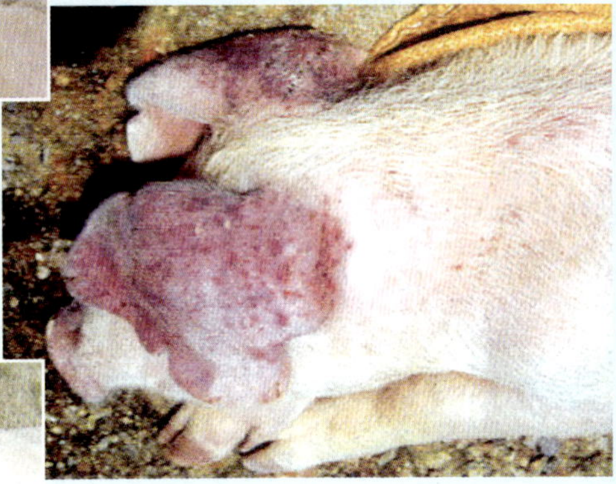

图 3-97　猪耳部呈暗紫色，有少量坏死（林太明等）

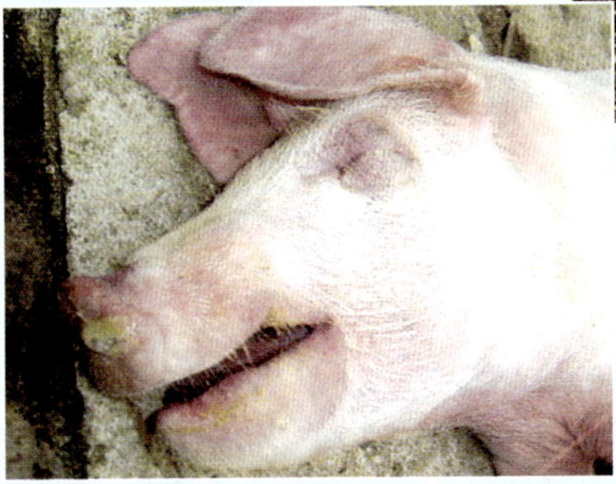

图 3-98　猪鼻孔流黏性、脓性分泌物（林太明等）

3.病理剖检变化　剖检可见全身淋巴结肿大，喉头、气管出血，肺脏出血、水肿、气肿、实变，表现为弥漫性间质性肺炎，有纤维素性渗出。胃溃疡、出血。由于混合感染，还出现一些疾病的相应病变（图3-99 至图 3-113）。

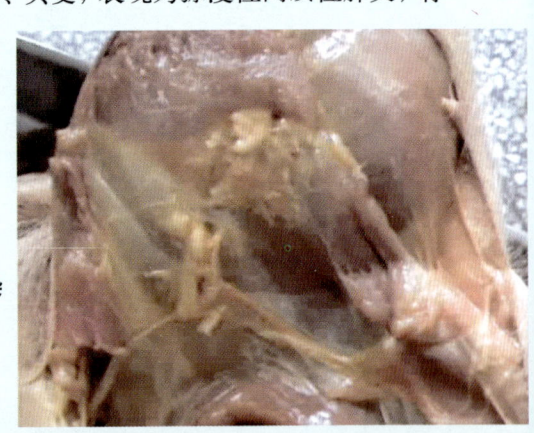

图 3-99　皮下黄染

120

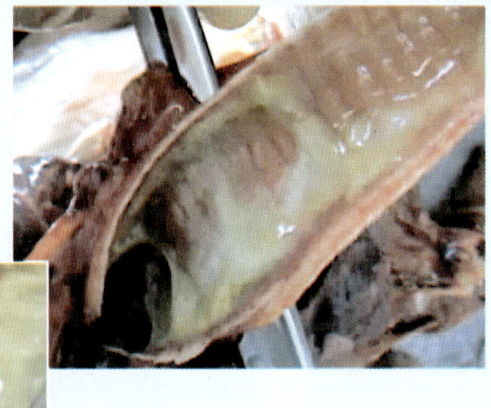

图 3-100 气管充血，内有黄色黏液

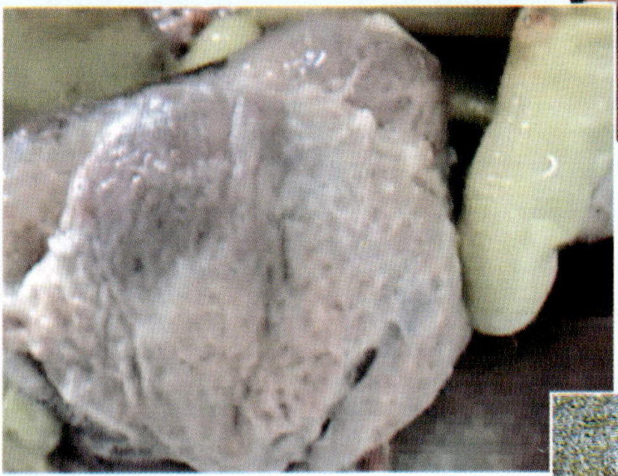

图 3-101 绒 毛 心

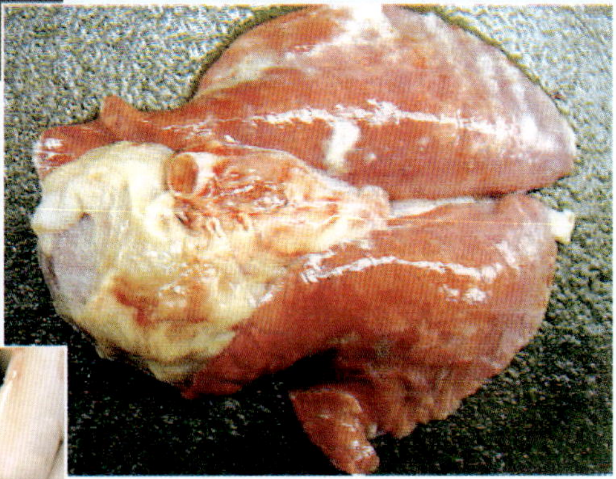

图 3-102 心包炎，肺表面有纤维素性坏死（林太明等）

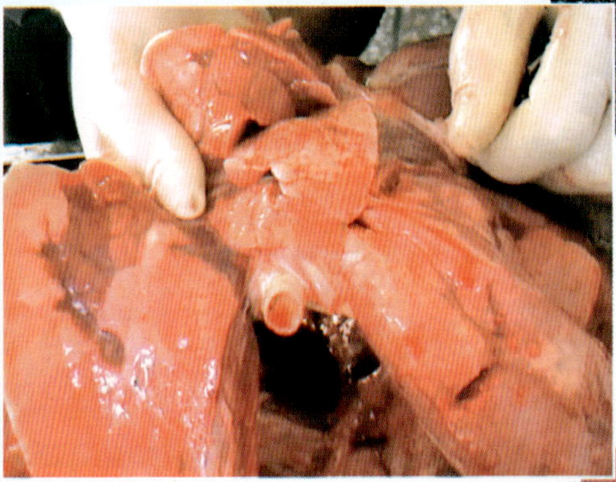

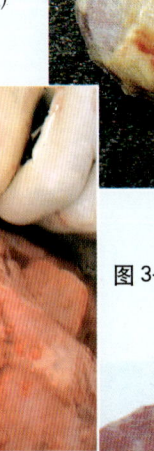

图 3-103 肺脏有肉变区

图 3-104 肺肉变，有化脓状结节（林太明等）

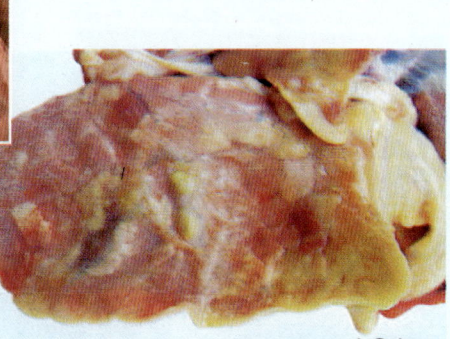

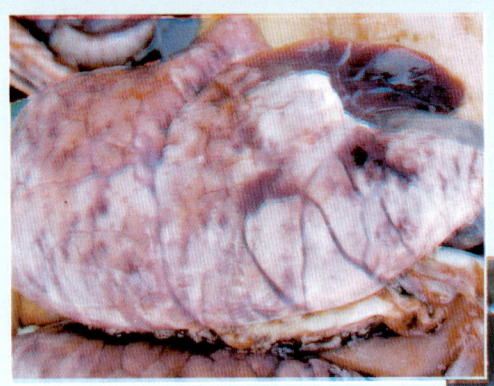

图3-105 患猪间质性肺水肿、肺脏表面出血、肺膈叶肝变（白挨泉等）

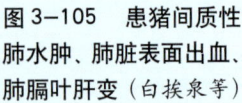

图3-106 肝脏表面有纤维素覆着

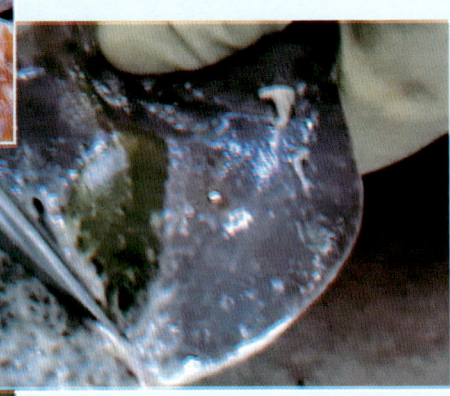

图3-107 小肠所属淋巴结肿大

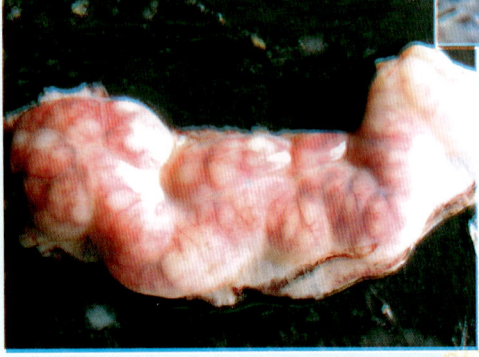

图3-108 结肠外观有坏死灶

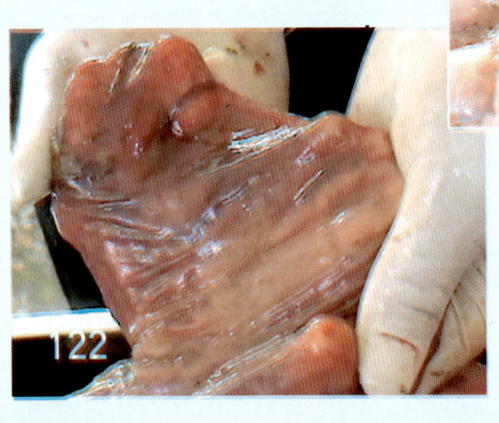

图3-109 盲肠变薄出血

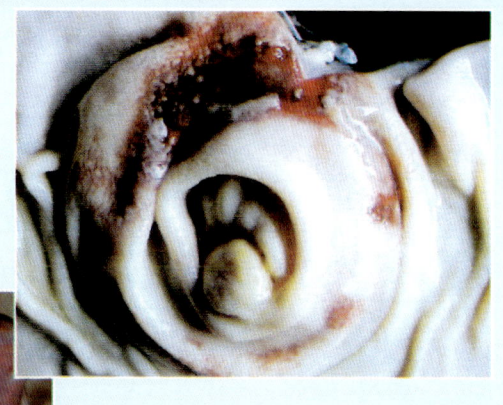

图3-110 胃溃疡、出血（白挨泉等）

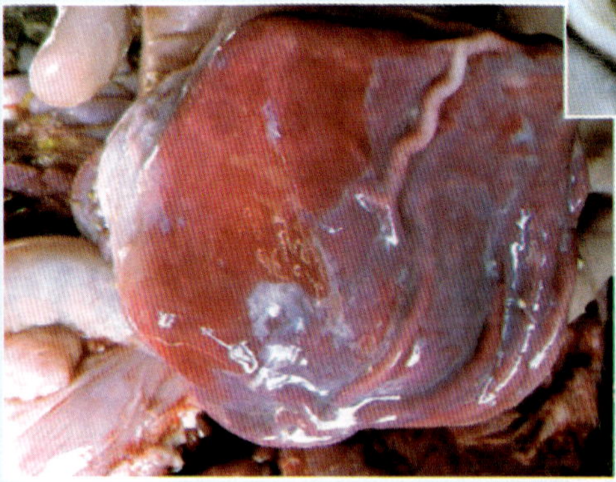

图3-111 胃肠不同程度的出血性炎症

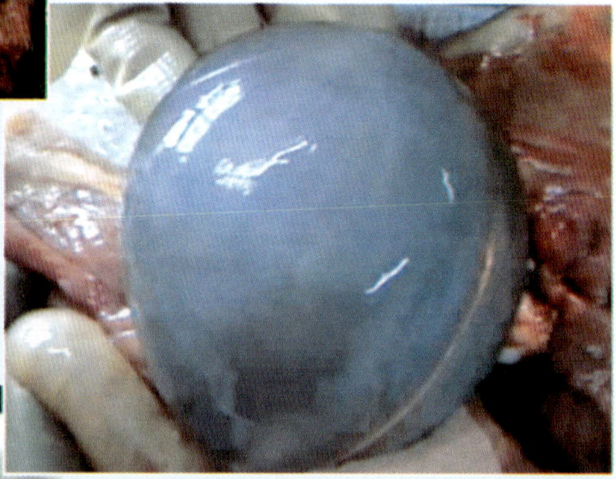

图3-112 膀胱充盈

图3-113 关节黄染

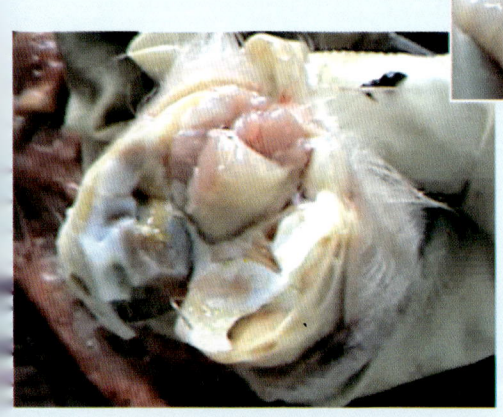

【防治措施】 做好疫苗免疫工作和预防保健工作。治疗时可用阿莫西林等药物。

## 九、猪应激综合征

(Porcine stress syndrome, PSS)

猪应激综合征是现代养猪生产条件下,猪受到许多种不良因素的刺激而引起的非特异性全身性反应。本病在世界范围内广泛出现,对养猪业和屠宰业造成严重的经济损失。

【诊断要点】

1. 病因  当猪在生产条件下,受到应激原的刺激而引起发病。应激原包括拥挤、过热、过冷、运输、驱赶、中毒、创伤、电离辐射、饥饿、缺氧、打架、隔离、陌生、噪声、抓捕、保定、惊吓、注射、去势等。此外,不同的猪对应激的敏感性不同,对应激原的反应也不同。

2. 临床表现  临床上猪的应激表现主要有以下几种形式。

(1) 急性死亡  这是最为严重的形式。猪在抓捕、惊吓、注射、交配或运输中突然死亡。

(2) 猪应激性肌病  主要有3种,PSE猪肉(即肉色苍白、质地松软、切面有渗出的劣质猪肉)、背肌坏死和腿肌坏死(图3-114至图3-117)。

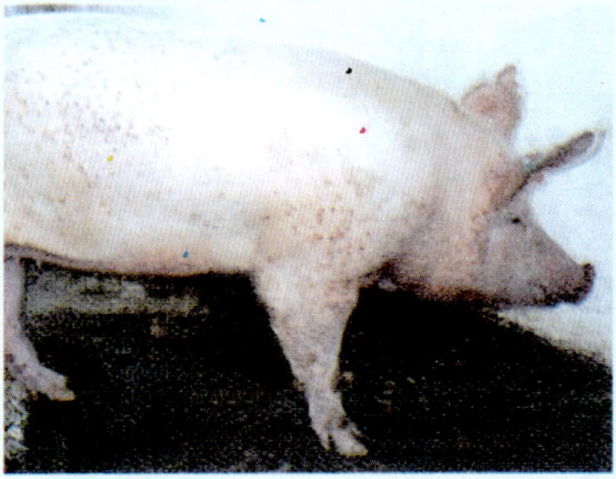

图3-114  应激猪皮肤上的应激斑点(徐有生)

图3-115  病猪皮肤应激斑(孙锡斌等)

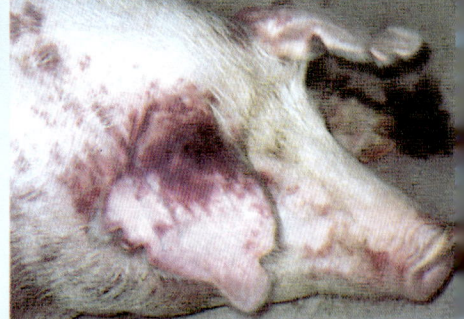

图 3-116 病猪全身皮肤发红（孙锡斌等）

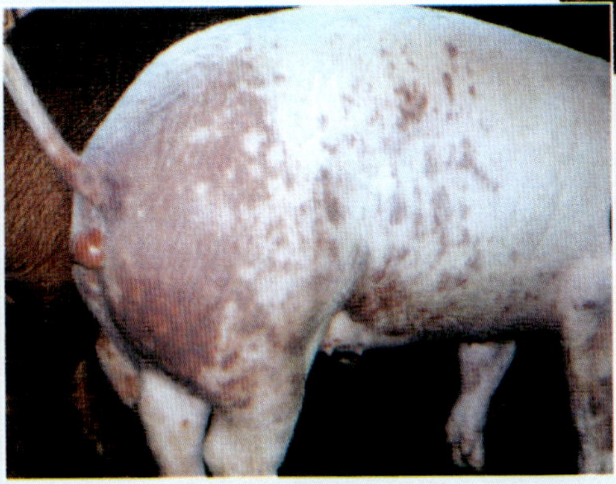

图3-117 病猪全身皮肤应激斑和阴门红肿（孙锡斌等）

【防治措施】 预防本病的最好方法是选育优良的品种和科学的饲养管理，检出并淘汰应激敏感猪。当出现应激因素时，使用抗应激药物减少应激反应的程度。治疗时，主要是解除应激因素、镇静、补充皮质激素。

## 十、疝症

疝症是肠管从自然孔道或病理性破裂孔道脱至皮下或其他腔内的一种常见病。根据发生部位分为脐疝、腹壁疝、阴囊疝和膈疝。

【诊断要点】

1. 病因 脐疝是由于脐孔闭锁不全，引起小肠管潜入脐孔和皮下而发病。腹壁疝是由于腹部肌肉撕裂，引起肠管通过肌肉间隙进入皮下。阴囊疝是由于腹股沟管扩张或破裂，肠管通过腹股沟管进入阴囊而发病。膈疝是由于膈肌破裂，肠管进入胸腔而引起的。

2. **临床表现** 除膈疝外,其他3种疝症均表现发生部位肿大、腹痛、腹围增大、呼吸和脉搏加快、呕吐、排便减少。膈疝一般表现精神极度沉郁、呼吸困难,在胸部可听到肠音(图3-118至3-122)。

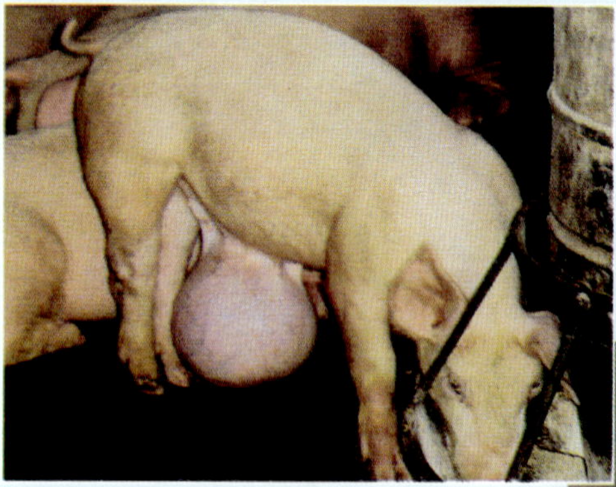

图3-118 病猪下腹有一个球状物,一般采食不受影响(林太明等)

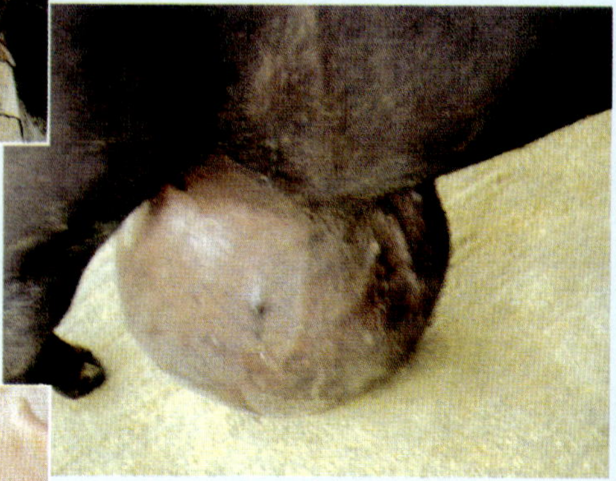

图3-119 病猪脐疝严重,导致行走困难(林太明等)

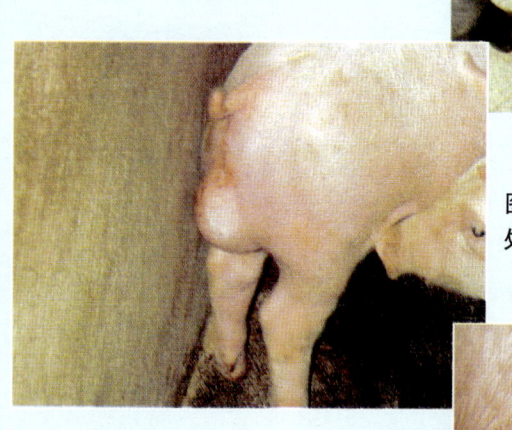

图3-120 小肠由腹腔掉至阴囊处,形成阴囊疝(林太明等)

图3-121 小肠由腹腔掉至腹壁,形成腹壁疝(林太明等)

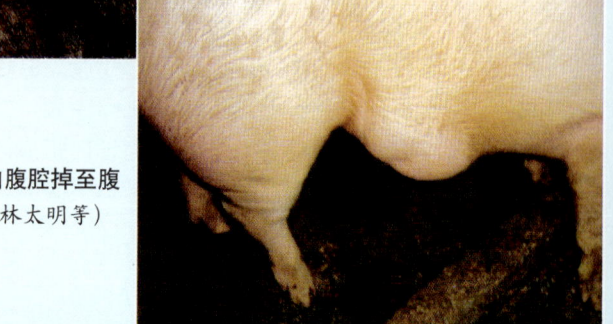

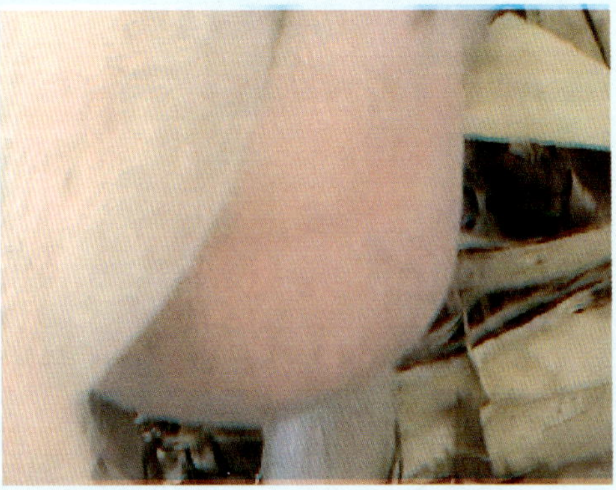

图3-122 脐疝

【防治措施】 膈疝通常预后不良,很难治愈。其他3种疝症发病初期可降低腹压、局部按摩、热敷、将肠管缓慢送回腹腔,但无法根治本病,只有手术治疗才可彻底治愈。

## 十一、肠套叠

肠套叠是一段肠管套入其邻近的肠管内,引起猪突然的剧烈腹痛,然后逐渐缓和,直至死亡。主要见于十二指肠和空肠,偶见回肠套入盲肠。多发于断奶后仔猪。

【诊断要点】

1. 病因 主要是由于饲料条件的改变,引起胃肠道运动失调,发生肠套叠。其次是仔猪处于饥饿或半饥饿状态时,突然大量采食,引起前段肠管蠕动剧烈,套入后段相接肠腔中。

2. 临床表现及病理变化 病猪突然发生剧烈腹痛,鸣叫、倒

图3-123 空肠套叠

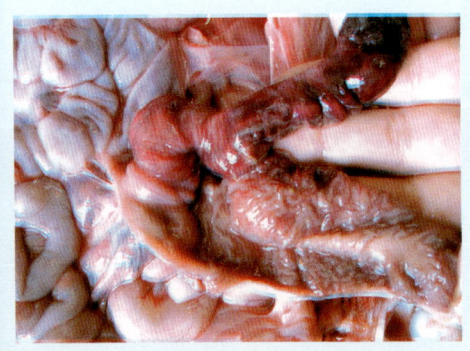

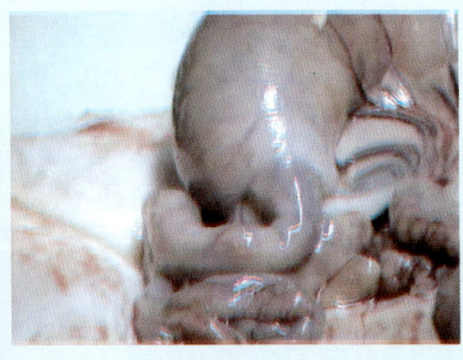

图3-124 空、回肠套叠

127

地、四肢划动、翻滚。初期频频排便,后期停止排便。呼吸、心跳加快,结膜潮红(图3-123,3-124)。

【鉴别诊断】 见表3-7。

表3-7 与肠套叠的鉴别诊断

| 病 名 | 症 状 |
|---|---|
| 肠扭转 | 腹部摸到较固定的痛点,局部肠膨胀,打滚时体温升高 |
| 便 秘 | 腹后部可摸到坚硬的粪块,腹痛不剧烈 |

【防治措施】 治疗本病主要依靠手术疗法,早期手术疗法预后良好,晚期重度肠套叠预后不良。严禁投服泻药。

预防主要依靠加强饲养管理,保证饲料的营养品质,积极治疗仔猪的肠道疾病,避免胃肠道功能紊乱,减少外界刺激。

## 十二、肠扭转

肠扭转是由于猪体位置突然改变,引起肠管发生不同程度的扭转。主要发生在空肠和盲肠。

【诊断要点】

1. 病因 主要是由于饲喂了酸败或冰冻的饲料,刺激部分肠段紧张、蠕动加强,而其他肠段松弛,在猪体突然跳越或翻转时而引起肠扭转。

2. 临床表现及病理变化 突然剧烈腹痛,表现不安、挣扎、在地上打滚、呼吸困难。剖检可见肠淤血、出血、臌气、移位。结肠、盲肠内容物呈血样(图3-125,图3-126)。

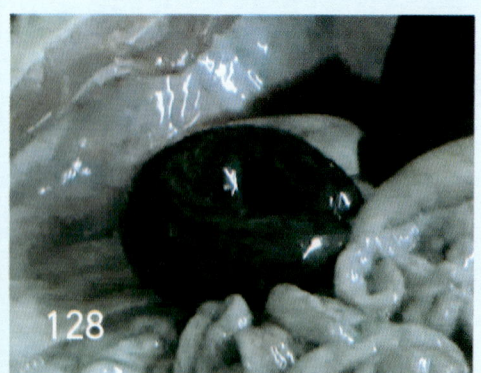

图3-125 小肠扭转

图 3-126　小肠扭转（宣长和等）

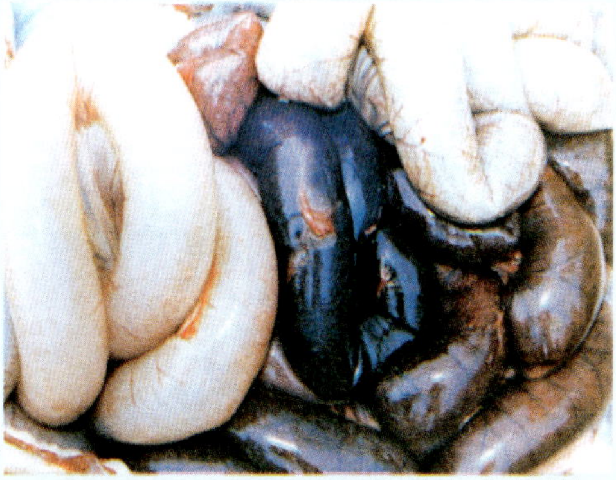

【鉴别诊断】　见表3-8。

表3-8　与肠扭转的鉴别诊断

| 病　名 | 症　状 |
| --- | --- |
| 肠套叠 | 排少量稀便、混有血液和黏液，腹部脂肪不多，可摸到套叠部，压之有痛感 |
| 便　秘 | 腹痛不剧烈，按压腹后部有硬块 |

【防治措施】　治疗本病依靠手术疗法，术前积极采取减压、补液、强心、镇痛、解毒措施。严禁使用泻药。

预防本病要注意饲料的情况，不要饲喂酸败或冰冻的饲料，尽量避免猪在采食过程中的剧烈运动，减少外界刺激。

# 第四章 神经症状、运动障碍类疾病

## 一、猪日本乙型脑炎

(Swine Japanese encephalitis B, JE)

猪日本乙型脑炎是由日本乙型脑炎病毒引起的一种人、兽共患的蚊媒传染病。被世界卫生组织认为是需要重点控制的传染病。

【诊断要点】

1. 流行病学　本病可感染多种动物和人类，感染后的动物和人类都可成为该病的传染源。日本乙型脑炎病毒必须依靠蚊作为媒介，通过蚊的叮咬进行传播，因此表现出较严格的季节性，蚊活动频繁的7~8月份是本病的发生高峰。目前本病多为隐性感染和呈散发性。

2. 临床表现　母猪和妊娠新猪感染后，体温突然升高，精神不振，食欲不佳，结膜潮红，粪便干燥，尿深黄色，有的病例后肢呈轻度麻痹，关节肿大，乱冲乱撞。妊娠母猪发生流产，产死

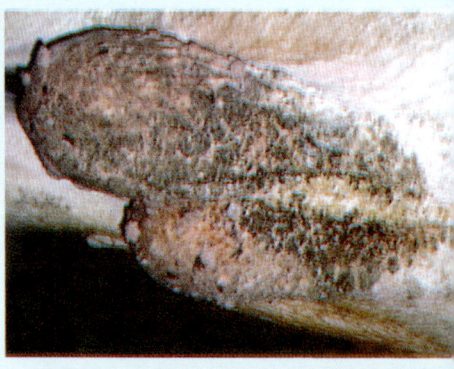

图4-1　公猪右侧睾丸肿大，下坠（徐有生）

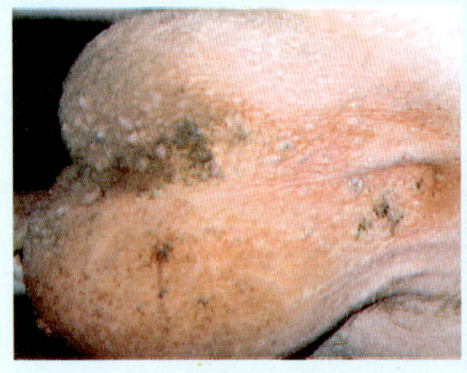

图4-2　公猪睾丸萎缩，发硬，性欲减退（徐有生）

胎、木乃伊胎或畸形胎，发育正常的胎儿在分娩过程中死亡或产后不久死亡。公猪发生睾丸炎（图4-1至图4-5）。

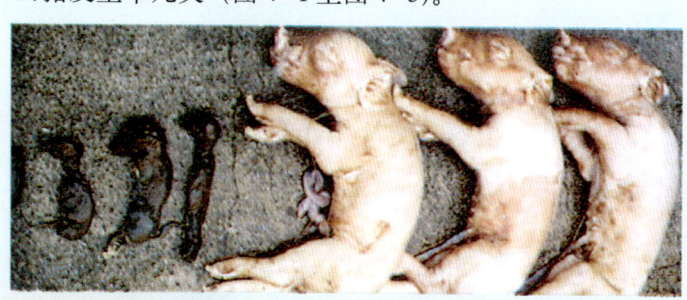

图4-3 患病母猪产出死胎及木乃伊胎（徐有生）

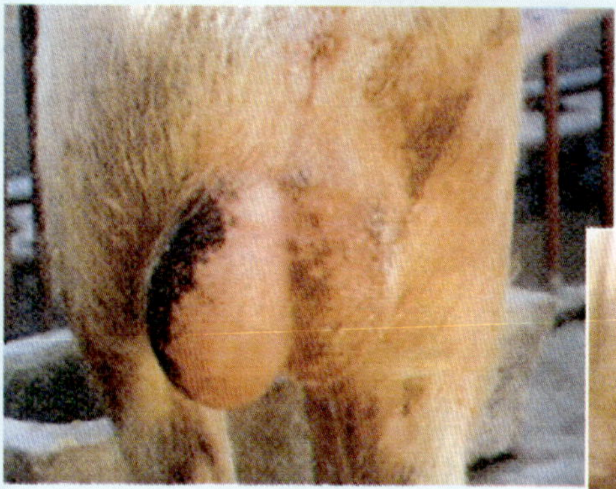

图4-4 左侧睾丸肿大、阴囊出血，皱襞消失、发亮，有热感（徐有生）

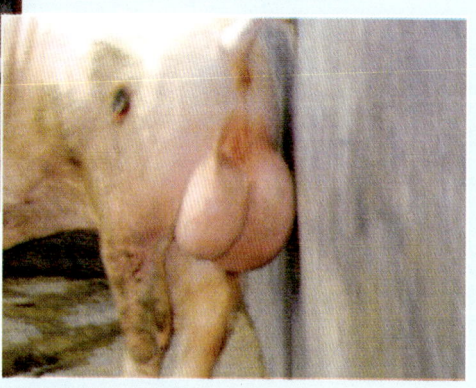

图4-5 公猪睾丸右侧肿大（林太明等）

3. 病理剖检变化 见图4-6至图4-8。

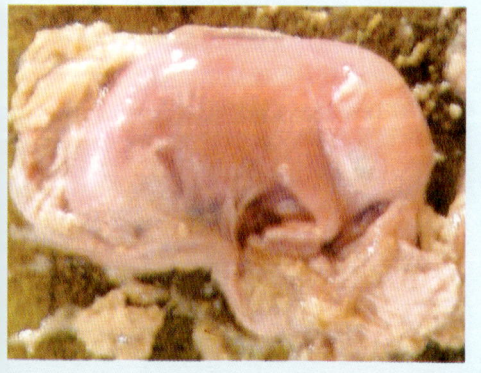

图4-6 患猪流产胎儿（白挨泉等）

图4-7 患猪流产胎儿和木乃伊胎（白挨泉等）

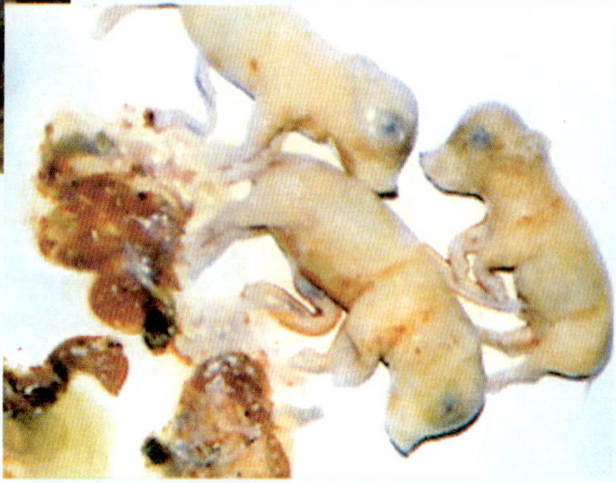

图4-8 患猪流产的胎儿和木乃伊胎、死胎、畸形胎，同一窝死胎大小不一（白挨泉等）

【鉴别诊断】 见表4-1。

表4-1 与猪日本乙型脑炎病的鉴别诊断

| 病 名 | 症 状 |
|---|---|
| 猪繁殖与呼吸综合征 | 母猪提前2~8天早产，在2周内流产。剖检全身淋巴结肿大、呈灰白色，肺轻度水肿、暗红色、有局灶性出血性肺炎灶。公猪无睾丸炎，仔猪无神经症状 |
| 猪细小病毒病 | 流产、死胎、木乃伊胎多发于初产母猪。剖检肝、脾、肾等脏器肿大脆弱或萎缩、发暗，不见公猪睾丸炎和仔猪神经症状 |
| 猪伪狂犬病 | 口流白沫，两耳后竖。剖检胎盘凝固性坏死，胎儿实质脏器凝固性坏死 |
| 猪传染性脑脊髓炎 | 3周龄以上的猪很少发生。母猪不见流产，公猪无睾丸炎 |
| 猪布鲁氏菌病 | 母猪流产多发生在2~12周。阴户流黏性或脓性分泌物。剖检子宫黏膜有黄色小结节，胎膜变厚、呈胶冻样，胎盘有大量出血点。仔猪无神经症状，公猪两侧睾丸肿大 |
| 猪链球菌病 | 出现败血症和多发性关节炎、脓肿等症状。用青霉素等抗生素治疗有效果 |

续表 4-1

| 病 名 | 症 状 |
|---|---|
| 猪李氏杆菌病 | 多发生于仔猪。剖检可见脑干特别是脑桥、延髓和脊髓变软，有小的化脓灶 |
| 猪衣原体病 | 呼吸急促，流黏性鼻液，排含有血液的稀便。剖检可见肠、肺脏、肾、关节出现炎性水肿，脑无变化 |
| 猪钩端螺旋体病 | 皮肤发红，尿黄、茶色或血尿。剖检胸腔、心包黄色积液，心内膜、肠系膜、膀胱出血 |
| 猪弓形虫病 | 病猪高热，耳翼、鼻端出现淤血斑、结痂和坏死。剖检淋巴结肿大、出血，肺膈叶和心叶间质性水肿，内有半透明胶冻样物质、实质有白色坏死灶或出血点 |

【防治措施】 根据本病流行病学的特点，消灭蚊虫是消灭本病的根本办法，要控制猪乙型脑炎，应加强饲养管理、对疫情进行监测，对圈舍定期驱虫、灭鼠、消毒。采用免疫接种来控制本病的发生。

## 二、猪李氏杆菌病

### (Listeriosis)

李氏杆菌病是由产单核细胞李氏杆菌(Listeria monocytogenes)引起多种动物和人类的一种散发性传染病。

【诊断要点】

1. 流行病学 本病可感染各种年龄的多种动物和人类，幼龄较易感染，主要发生在冬季或早春，呈散发，偶见暴发流行。患病动物和带菌动物通过粪便、尿、乳汁、眼、鼻分泌物等排出该菌，经消化道、呼吸道、眼结膜和破损皮肤等传染给易感动物。

2. 临床表现 根据病程可分为败血型、脑膜脑炎型、混合型（图 4-9，图 4-10）。

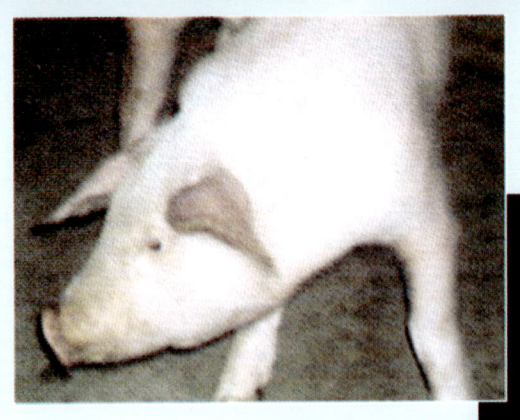

图4-9 患猪出现神经症状，从左向右转圈（徐有生）

图4-10 四肢张开呈观星姿势（宣长和等）

### 3. 病理剖检变化

（1）败血症型　出现败血症病变。主要的特征性病变是局灶性肝坏死。其次，脾脏、淋巴结、肺脏、心肌、胃肠道中也可发现较小的坏死灶（图4-11）。

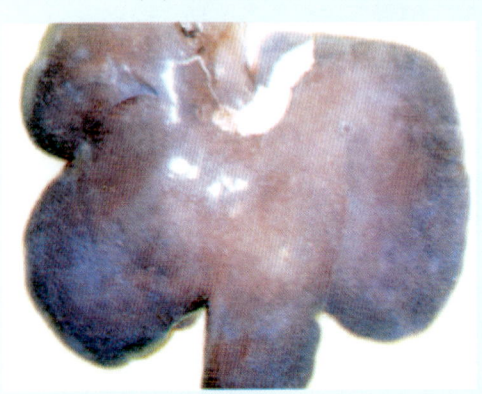

图-11 患猪肝脏表面白色坏死点（白挨泉等）

（2）脑膜脑炎型　可见脑膜和脑实质充血、发炎和水肿，脑脊液增多，浑浊（图4-12，图4-13）。

图4-12 脑血管周围有以单核细胞为主的细胞浸润

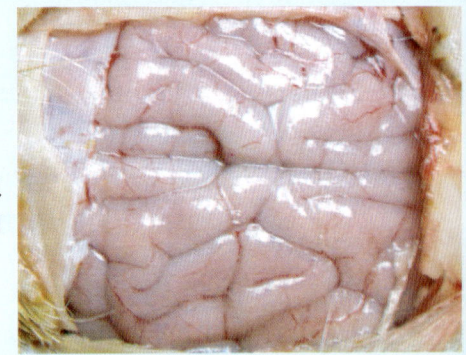

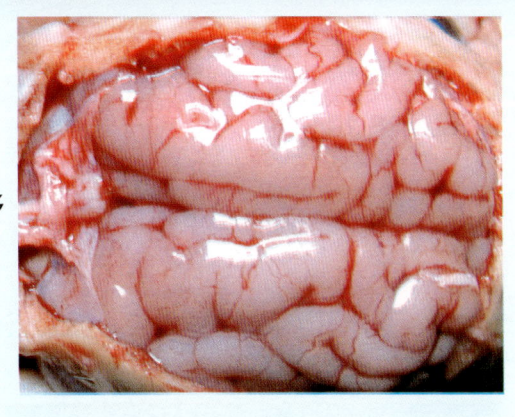

图4-13 脑充血，脑脊液增多

【鉴别诊断】 见表 4-2。

表4-2 与猪李氏杆菌病的鉴别诊断

| 病　名 | 症　状 |
| --- | --- |
| 猪伪狂犬病 | 呼吸困难，呕吐，腹泻。剖检鼻腔、咽喉、扁桃体炎性肿胀浸润，并常有坏死性假膜，肝、肾出现周围红色晕圈，中央黄白色或灰白色坏死灶 |
| 猪传染性脑脊髓炎 | 四肢僵硬，肌肉、眼球震颤，呕吐。剖检脑膜水肿、血管充血 |
| 猪血凝性脑脊髓炎 | 多见于2周龄以下的哺乳仔猪。呕吐、便秘。剖检仅见脑脊髓发炎、水肿 |
| 猪水肿病 | 主要发生于断奶前后的仔猪。眼睑、头部皮下水肿。剖检胃壁水肿、增厚，肠黏膜水肿 |

【防治措施】 病猪隔离治疗，消毒畜舍、环境，处理好粪便。链霉素在治疗本病时效果较好，大剂量的抗生素或磺胺类药物也可取得一定疗效。

## 三、破伤风

(Tetanus)

破伤风是由破伤风梭菌经伤口感染后，产生外毒素而引起的一种急性、中毒性传染病。以骨骼肌持续性痉挛和刺激反射兴奋性增高为特征。

**【诊断要点】**

1. **流行病学**　本病可感染各种家畜,但只有创伤才可感染,多发生在阉割、断尾、断脐和各种创伤时。多为散发,无明显季节性。

2. **临床表现**　病初四肢僵硬后伸、奔跳姿势、出现强直痉挛。随后行走困难、胸廓和后肢强直性伸张。最后呼吸加快、困难,口、鼻出现白色泡沫(图4-14,图4-15)。

图4-14　猪两耳后竖,表现出"木马状"姿势(林太明等)

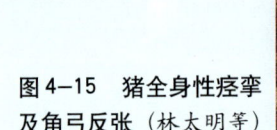

图4-15　猪全身性痉挛及角弓反张(林太明等)

3. **病理剖检变化**　本病无明显的病理变化,仅在黏膜、浆膜及脊髓等处有小的出血点,四肢和躯干肌间结缔组织有浆液浸润,血液凝固不良,肺脏充血、水肿。

**【防治措施】**　防止外伤感染,去势和手术部位要严格消毒。多发区可定期接种破伤风类毒素。治疗时,尽量减少刺激,对局部创伤进行消毒处理,静脉注射破伤风类毒素,加以镇静药物对症治疗。

## 四、仔猪低血糖症

仔猪低血糖症是由多种原因引起的仔猪血糖降低的一种代谢病。临床上以明显的神经症状为特征。多发于1周龄以内的仔猪。

【诊断要点】

1. 病因　仔猪出生后吮乳不足是发生本病的主要原因。母猪妊娠期营养不良，产后少乳或无乳，或感染发生子宫炎、乳房炎等引起少乳或无乳的疾病，仔猪患大肠杆菌病、先天性震颤等病而无力吮乳，都会造成仔猪吮乳不足而发病。此外，低温、寒冷、空气温度过高是引发本病的诱因。

2. 临床表现　病初发现仔猪吮乳停止、四肢无力、肌肉震颤、步态不稳、皮肤发冷、黏膜苍白、心跳慢而弱，后期出现卧地不起、角弓反张状或呈游泳状运动、尖叫、磨牙、口吐白沫、瞳孔散大、感觉功能减退或消失，严重的昏迷不醒，很快死亡（图4-16）。

图4-16　发病仔猪精神沉郁、嗜睡、消瘦（林太明等）

3. 病理剖检变化　病猪消化道空虚，机体脱水。肝呈橘黄色、边缘锐利、质地像豆腐、稍碰即破。胆囊肿大、充满半透明淡黄色胆汁。肾呈土黄色，散在针尖大出血点，肾盂和输尿管有白色沉淀物（图4-17至图4-20）。

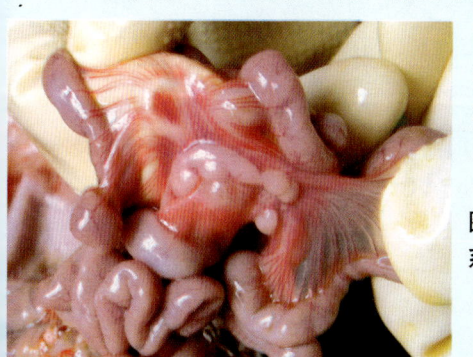

图4-17　肠道充血、肠系膜淋巴结呈淡黄色

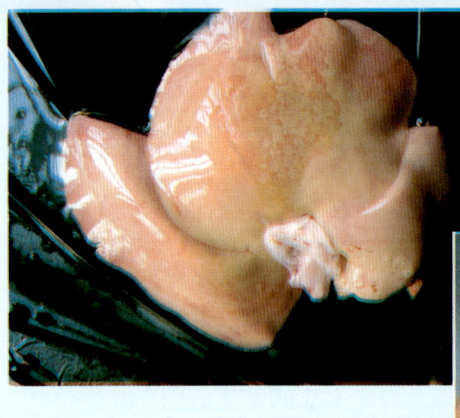

图 4-18 肝脏呈橘黄色

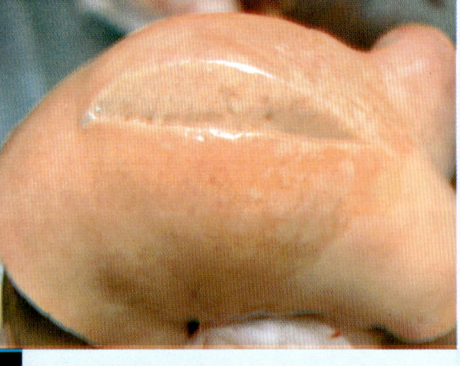

图 4-19 肝脏呈橘黄色，呈豆腐状

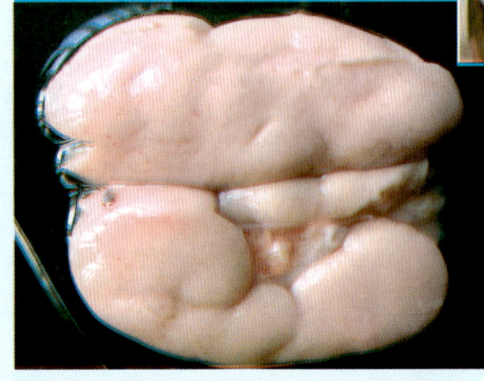

图 4-20 肾呈土黄色，散在针尖大出血点

【鉴别诊断】 见表 4-3。

表 4-3 与仔猪低血糖症的鉴别诊断

| 病　名 | 症　状 |
|---|---|
| 仔猪溶血病 | 吃奶后 24 小时发病，血红蛋白尿。剖检皮下脂肪黄染 |
| 仔猪缺铁性贫血 | 心跳加快，心悸亢进，不出现神经症状。剖检可见肝肿大、脂肪变性、呈淡灰色，肌肉色淡 |

【防治措施】 加强妊娠母猪的饲养管理，保证产后有充足的乳汁供应。初生仔猪及早食初乳、注意保暖。治疗时通常采用病因疗法、补 10%～20% 葡萄糖 10～20 毫升，改善营养、加强护理。

## 五、钙和磷缺乏

钙和磷缺乏是由于饲料中钙和磷缺乏或比例失调、维生素D缺乏所引起的幼猪佝偻病和成年猪骨软病的一种营养代谢性疾病。

【诊断要点】

1. 病因　引起本病发生的主要原因是日粮中钙、磷缺乏或比例失调，以及维生素D的缺乏。此外，断奶过早、胃溃疡、寄生虫病等因素也可影响钙、磷和维生素D的吸收，而致病。

2. 临床表现

（1）仔猪佝偻病　主要表现食欲减退、消化不良、不愿站立或运动，关节肿胀肥厚、跛行，神经肌肉兴奋性增强，抽搐。

（2）成年猪的骨软症　多见于母猪，主要表现消化功能紊乱，运动障碍，腰腿僵硬、拱背站立、运步强拘、跛行、经常卧地不动或匍匐姿势（图4-21）。

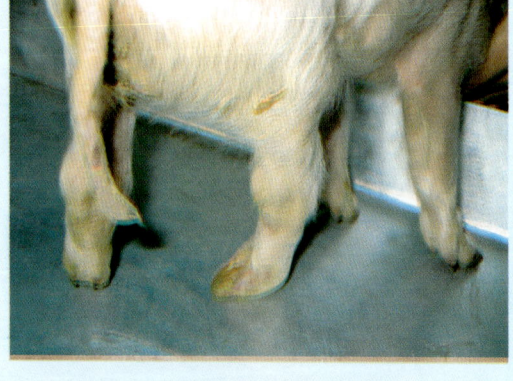

图4-21　钙缺乏症病猪后肢弯曲

【防治措施】　合理调配日粮中的钙、磷和维生素D的比例。治疗时主要是在饲料中加入钙剂或静脉注射葡萄糖酸钙，保证钙、磷比例平衡，适当运动和晒太阳。

# 第五章 母猪繁殖障碍类疾病

## 一、猪细小病毒病

(Porcine parvovirus infection, PPV)

猪细小病毒病是以引起胚胎和胎儿感染及死亡而母体本身不显症状的一种母猪繁殖障碍性传染病。

【诊断要点】

1. 流行病学 猪是本病的惟一宿主，不同年龄、性别的猪都可感染，初产母猪最为常见。一般呈地方性流行或散发。感染本病的母猪、公猪及污染的精液等是主要的传染源。公猪、肥育猪、母猪主要通过被污染的饲料、环境，经呼吸道和消化道感染，还可经胎盘垂直感染和交配感染。

2. 临床表现 感染的母猪可能表现为重新发情而不分娩，或产出大部分为死胎、弱仔及木乃伊胎等。个别母猪有体温升高、后躯运动不灵活或瘫痪，关节肿大或体表有圆形肿胀等。

3. 病理剖检变化 肉眼可见病猪有轻度的子宫内膜炎变化，胎儿在子宫内有溶解和吸收的现象。皮下充血或水肿、胸、腹腔积有淡红色或淡黄色渗出液。肝、脾、肾有时肿大脆弱或萎缩发暗（图5-1至图5-4）。

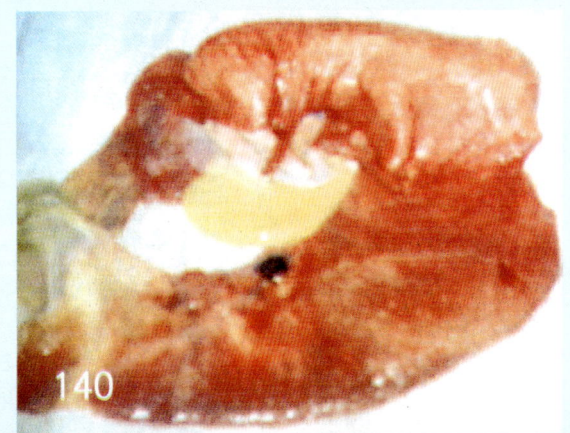

图5-1 母猪流出胎衣包裹着的胎儿（徐有生）

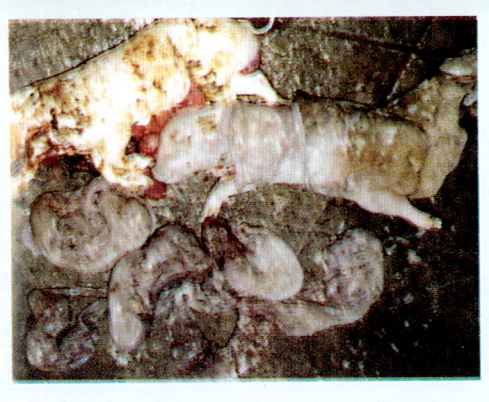

图5-2 母猪产出的死胎和木乃伊胎（徐有生）

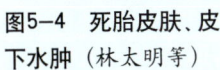

图5-3 前期感染的胎儿、胎盘部分钙化（林太明等）

图5-4 死胎皮肤、皮下水肿（林太明等）

【鉴别诊断】 见表5-1。

表5-1 与猪细小病毒病的鉴别诊断

| 病 名 | 症 状 |
| --- | --- |
| 猪繁殖与呼吸综合征 | 体温升高，呼吸困难，耳部皮肤发绀。剖检全身淋巴结肿大，脾边缘有丘状突起 |
| 猪伪狂犬病 | 体温升高，口流泡沫，兴奋，站立不稳。剖检见胎盘有凝固样坏死，胎儿的肝、脾、脏器淋巴结出现凝固性坏死 |
| 猪日本乙型脑炎 | 发病高峰在7~9份，体温较高，存活仔猪出现震颤、抽搐等神经症状。剖检脑室有黄红色积液，脑肿胀、出血，脑沟回变浅、出血。公猪单侧睾丸炎 |

续表 5-1

| 病　名 | 症　状 |
|---|---|
| 猪布鲁氏菌病 | 母猪流产多发生在 4～12 周。阴户流黏性或脓性分泌物。剖检子宫黏膜有黄色小结节，胎膜变厚、呈胶冻样，胎盘大量出血点。仔猪无神经症状，公猪两侧睾丸肿大 |
| 猪衣原体病 | 仔猪皮肤发绀、寒颤、步态不稳、腹泻。剖检出现肺炎、肠炎、关节炎等症状。公猪出现睾丸炎、尿道炎等 |
| 猪钩端螺旋体病 | 主要在 3～6 月份流行。皮肤发红，尿黄、茶色或血尿。剖检胸腔、心包黄色积液，心内膜、肠系膜、膀胱出血 |

【防治措施】 各猪场在引进种猪时应进行猪细小病毒的检测。初产猪配种前可通过人工免疫接种获得主动免疫。母猪配种前 2 个月左右注射可预防本病发生，仔猪母源抗体的持续期可达 14～24 周。

## 二、猪圆环病毒病

(Porcine circovirus infection, PCV)

猪圆环病毒病是由猪圆环病毒（Porcine circovirus, PCV）引起的一种新的传染病。

【诊断要点】

1. 流行病学　本病主要感染断奶后仔猪，集中发生于断奶后 2～3 周龄和 5～8 周龄。病毒可随粪便，鼻腔分泌物排出体外，经消化道感染，也可经胎盘垂直传播。

2. 临床表现

（1）传染性先天性震颤　临床症状变化很大，出生后第一周，震颤严重的可因不能吃奶而死亡，存活者 3 周时间可恢复（图 5-5，图 5-6）。

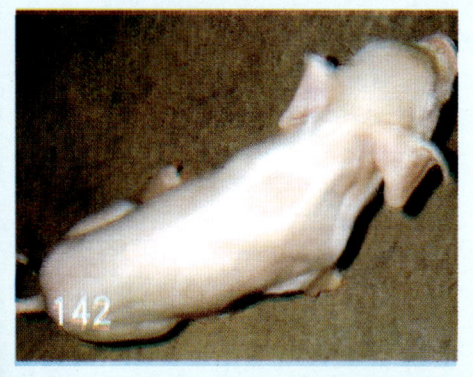

图 5-5　刚出生仔猪全身不停地抖动（林太明等）

图5-6　全窝仔猪出现不停抖动,吮乳困难,成活率低（林太明等）

（2）猪断奶后多系统衰竭综合征　多发生于8～12周龄的仔猪,病初期消化功能降低,出现食欲不振,随病程的发展而发生进行性消瘦。还会出现被毛无光泽,皮肤苍白或黄染,同时出现呼吸系统症状,持续性或间歇性腹泻（图5-7至图5-11）。

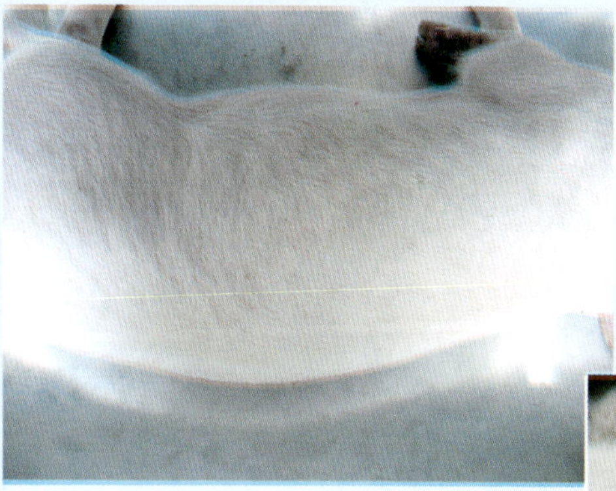

图5-7　皮肤苍白

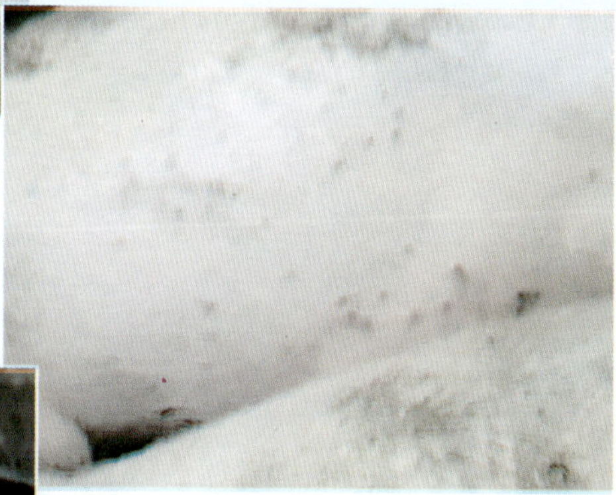

图5-8　皮肤苍白,有疹斑

图5-9　同窝猪大小不一,皮肤苍白

143

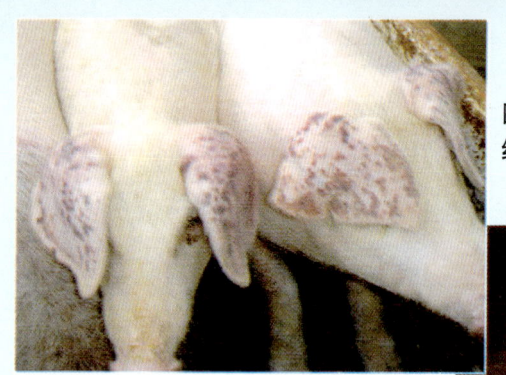

图5-10 患猪耳部形成红色丘疹（白挨泉等）

图5-11 同日龄保育猪个体大小差异明显（林太明等）

（3）皮炎肾衰型 有时与猪断奶后多系统衰竭综合征同时发生或相继发生，主要感染12~14周龄的猪群，散发于其他生长猪和肥育猪。感染初期体温升高、食欲不振、呆滞、运动失调和无力。皮肤出现红紫色丘状斑点，由病程进展被黑色痂覆盖然后消失留下瘢痕（图5-12至图5-16）。

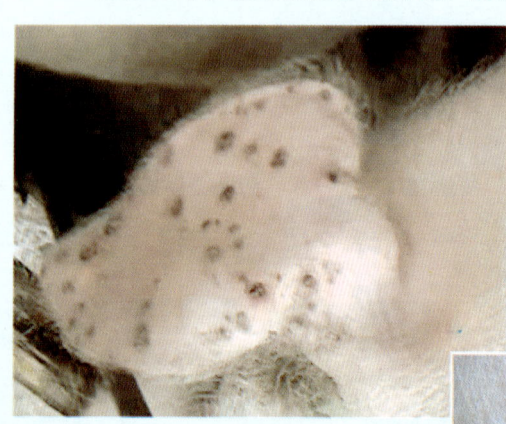

图5-12 耳部皮肤有红斑

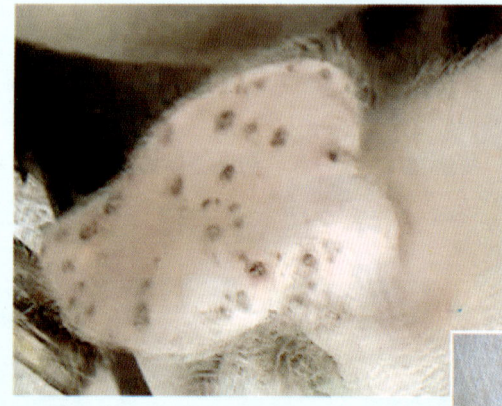

图5-13 皮肤发红，有结痂

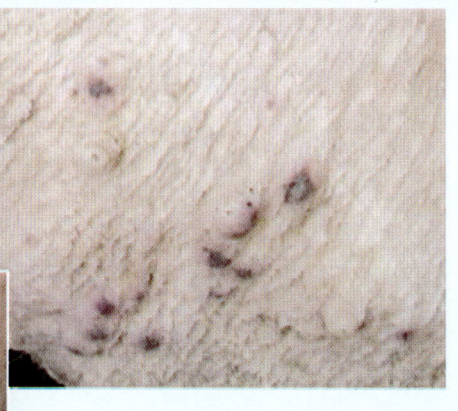

图5-14 腹下有结痂

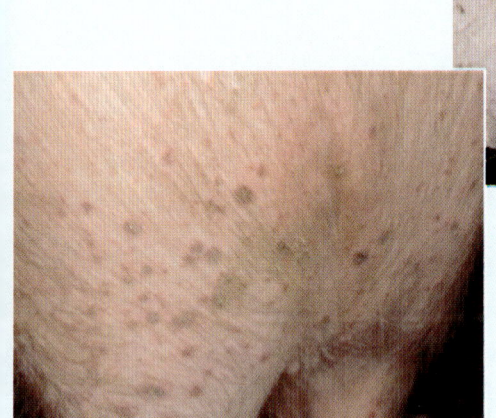

图5-15 臀部皮肤有红斑、结痂

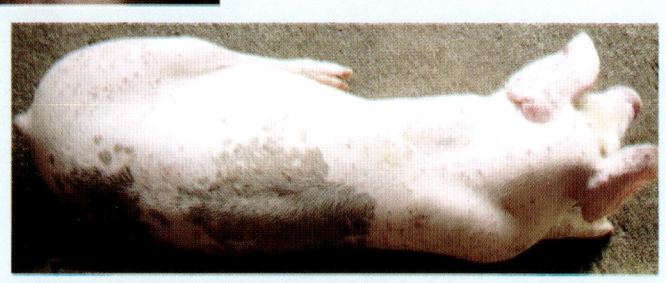

图5-16 病猪厌食，体重减轻 体表丘疹遍布全身

### 3.病理剖检变化

（1）断奶后多系统衰竭综合征 全身淋巴结不同程度肿大，外观灰白色或深浅不一的暗红色，切面外翻多汁，灰白色脑髓样，可见有小点状坏死灶（图5-17至图5-30）。

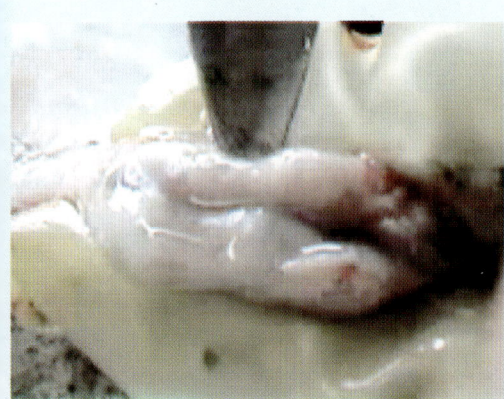

图5-17 腹股沟淋巴结肿大、苍白、多汁

145

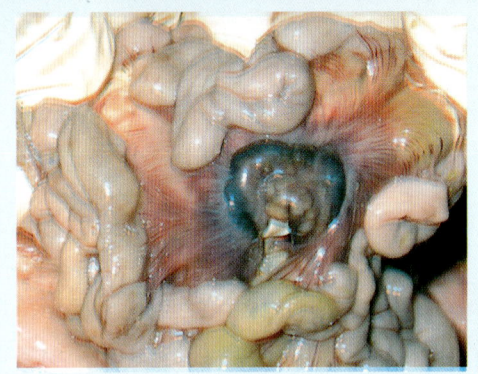

图5-18 肠系膜淋巴结肿大、出血

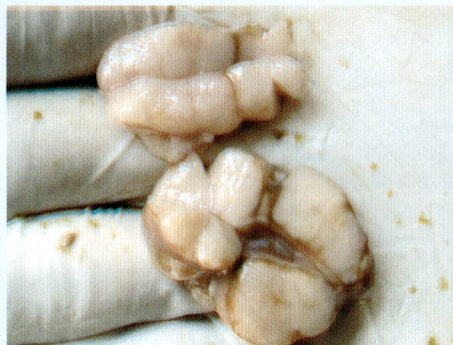

图5-19 淋巴结肿大、苍白

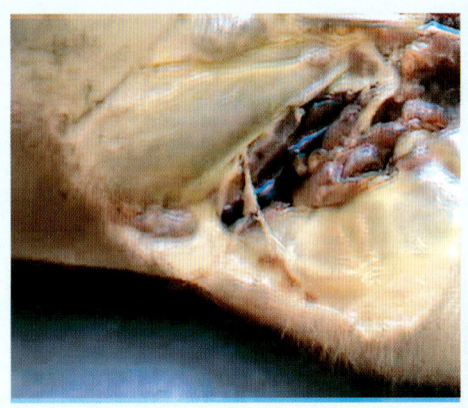

图5-20 皮下黄染

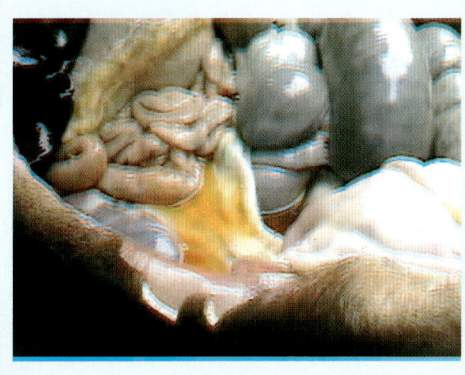

图5-21 腹腔黄色积液

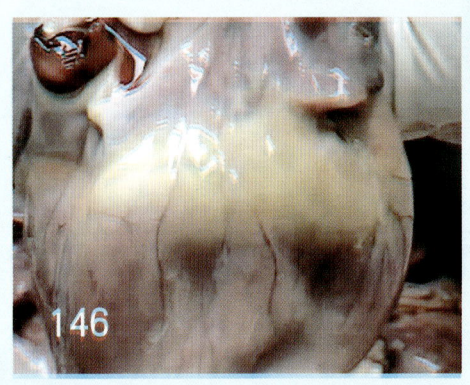

图5-22 心肌变软,心冠脂肪黄色胶样浸润

146

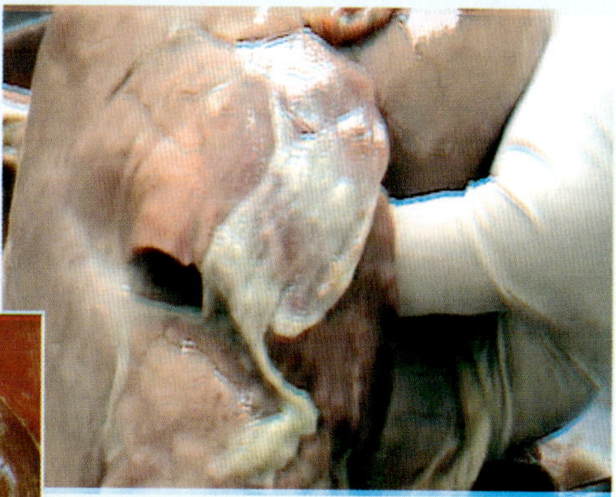

图 5-23 肺纤维素性渗出

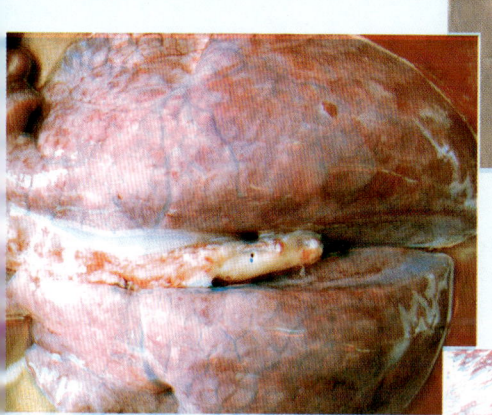

图 5-24 肺肿大暗红色，小叶间增宽，有散在出血灶

图 5-25 肝表面有灰白色病灶，胆汁浓稠，内有残渣

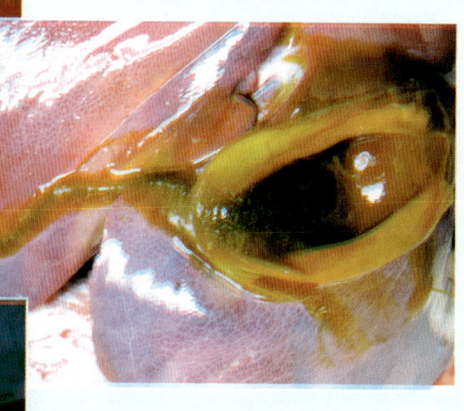

图 5-26 脾肿大坏死

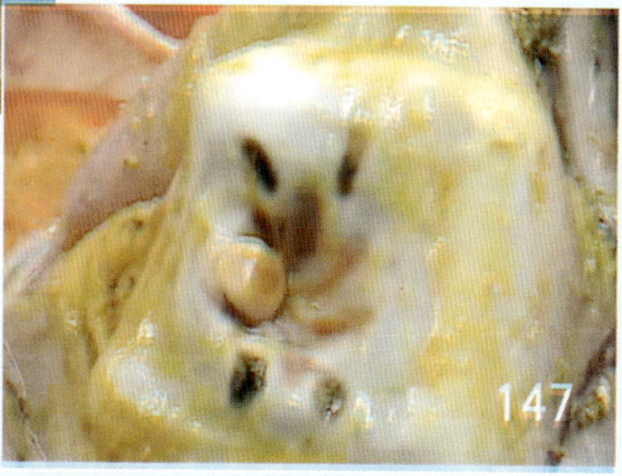

图 5-27 胃黏膜苍白，幽门周围出血、溃疡

147

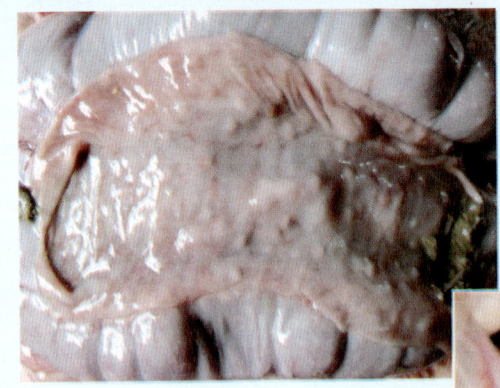

图5-28 结肠黏膜出血、淋巴滤泡隆起

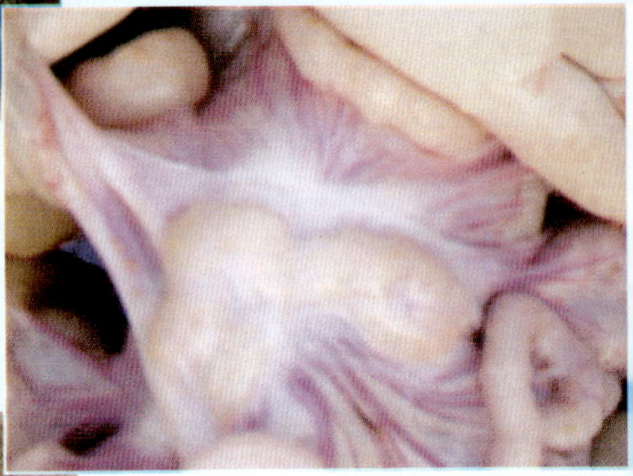

图5-29 患猪肠系膜淋巴结肿大(白挨泉等)

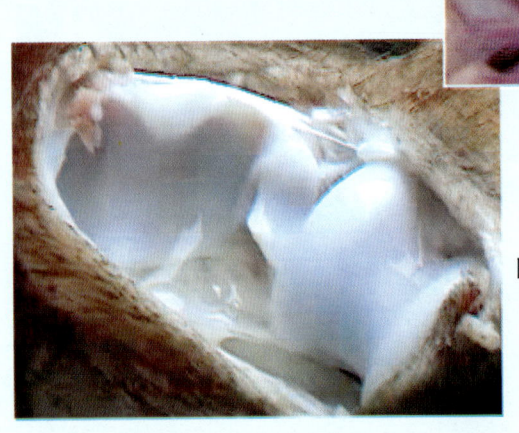

图5-30 关节腔有黏液

(2) 皮炎肾衰型 病猪主要病变在泌尿系统,肾不同程度的肿大,被膜紧张易剥离,表面呈土黄色,有弥漫性细小出血点,有形状不一、大小不等的灰白色的病灶,色彩多样,构成花斑状外观(图5-31至图5-34)。

图5-31 白斑肾

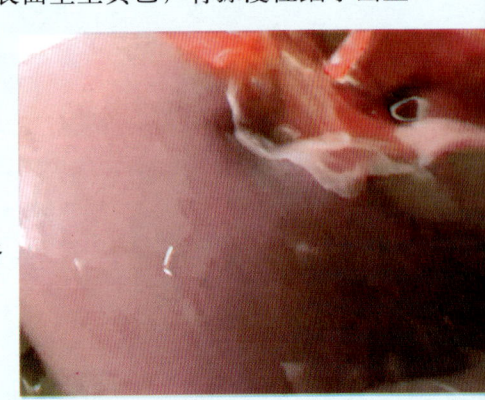

148

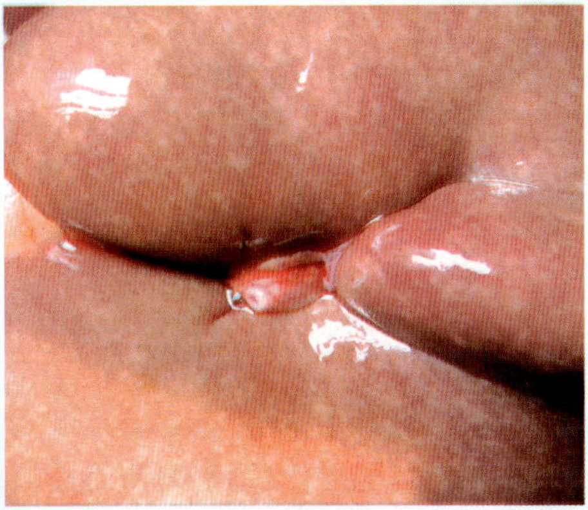

图5-32 花斑肾

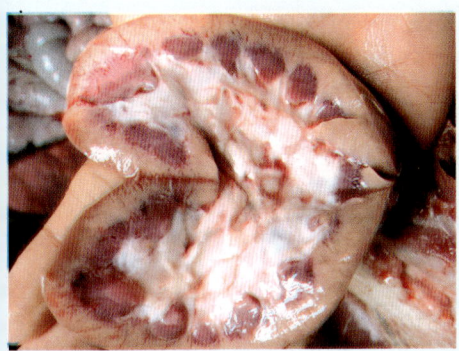

图5-33 肾髓质均匀出血

图5-34 肾脏肿大，上有白色坏死点（白痢泉等）

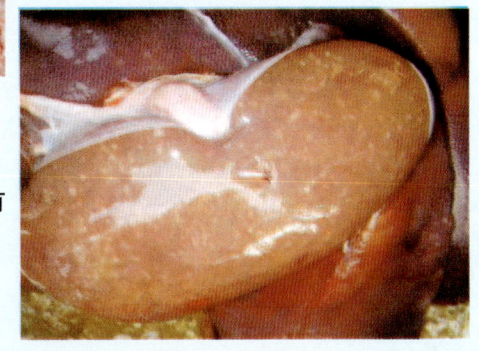

【鉴别诊断】 见表5-2。

表5-2 与猪圆环病毒病的鉴别诊断

| 病 名 | 症 状 |
| --- | --- |
| 猪繁殖与呼吸综合征 | 群发性高热、耳部、四肢等处皮肤发绀，妊娠母猪出现流产、死胎、木乃伊胎。剖检皮下水肿，胃肠道出现卡他性炎症 |
| 猪传染性萎缩性鼻炎 | 鼻出血，鼻甲骨萎缩、变歪，眼角泪斑。剖检在第一白齿和第二白齿剖面可见鼻甲骨萎缩 |
| 猪支原体肺炎 | 不表现消瘦和仔猪震颤。剖检肺脏呈对称性肉变和肝变 |
| 仔猪水肿病 | 眼睑、头部皮下水肿。剖检胃壁水肿、增厚，肠黏膜水肿 |

149

【防治措施】 目前尚无好的治疗方法,主要控制并发和继发感染。发现可疑病猪应及时隔离,并加强消毒,切断传播途径,杜绝疫情传播。

## 三、猪布鲁氏菌病

(Brucellosis)

猪布鲁氏菌病是由布鲁氏菌属细菌引起的急性或慢性的人、兽共患的传染病。特征是生殖器官和胎膜发炎,引起流产、不育和各种组织的局部病灶。

【诊断要点】

1. 流行病学 本病可感染多种动物,接近性成熟年龄的较为易感,一般呈散发。病猪和带菌猪是主要的传染源,通过精液、乳汁、脓液,流产胎儿、胎衣、羊水等排出体外,主要经消化道感染健康猪,也可通过结膜、阴道、皮肤感染。

2. 临床表现 母猪感染后多发生流产,主要发生在妊娠后4~12周。公猪感染后多发生睾丸炎和附睾炎(图5-35至图5-38)。

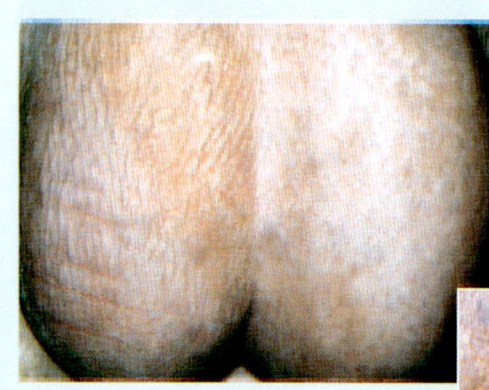

图5-35 患病公猪睾丸肿大(孙锡斌等)

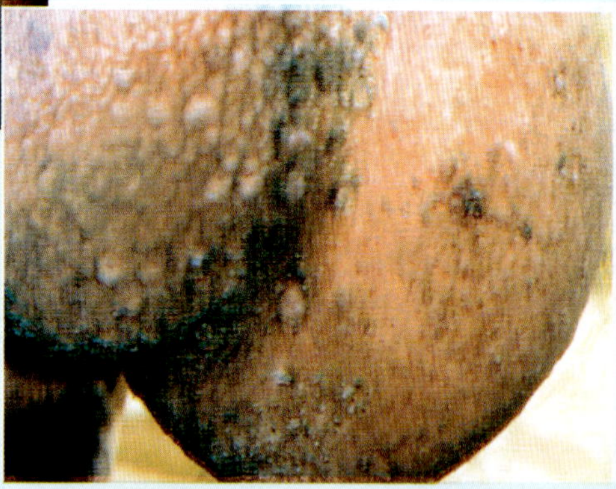

图5-36 患病公猪的右侧睾丸显著肿大

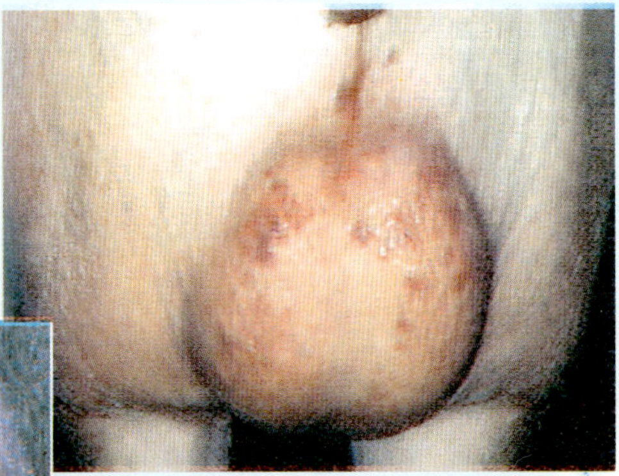

图5-37 病公猪睾丸肿大，附睾水肿波动，阴囊斑点状出血（徐有生）

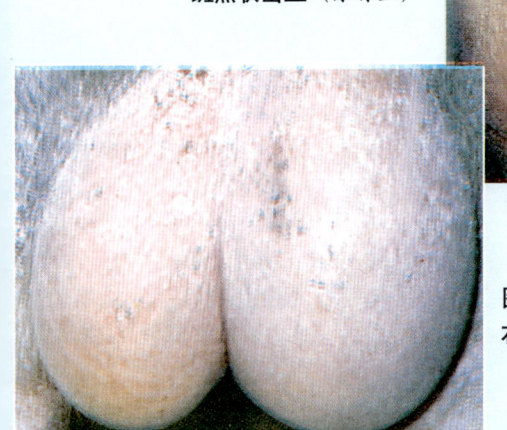

图5-38 病公猪睾丸肿大，右侧睾丸更明显（徐有生）

**3. 病理剖检变化** 母猪子宫黏膜上散在质地硬实、呈淡黄色的小结节，切开有干酪样物质（布鲁氏菌病结节）。子宫壁增厚，内腔狭窄。输卵管也有类似子宫的结节，可引起输卵管阻塞。公猪感染后，睾丸、附睾、前列腺肿大。此外，肝、脾、肾等其他器官也可出现布鲁氏菌病结节病变（图5-39至图5-43）。

图5-39 病猪死胎、畸形胎和木乃伊胎（孙锡斌等）

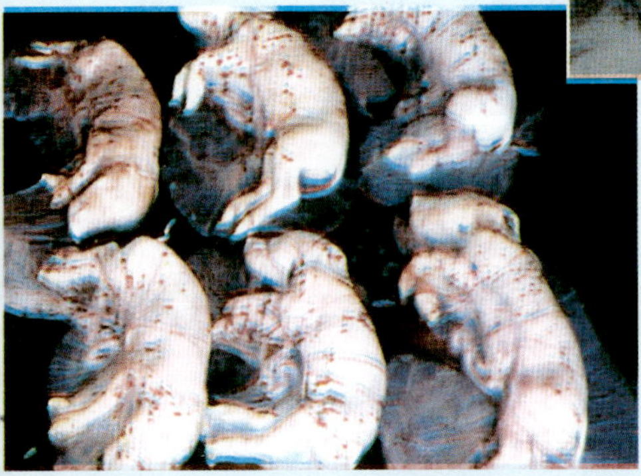

图5-40 流产死胎，胎膜上散在出血点（孙锡斌等）

151

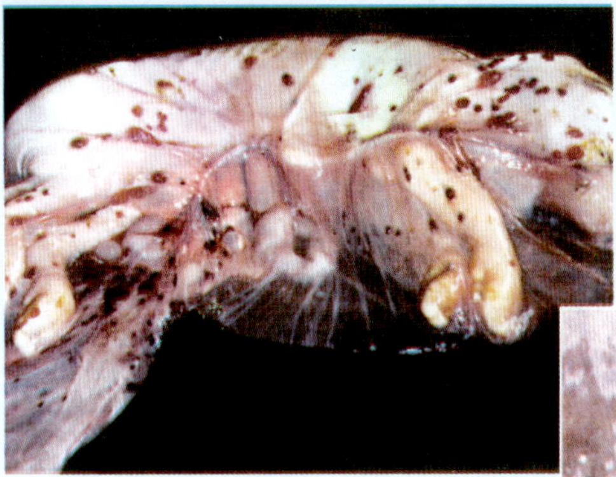

图5-41 流产胎儿及胎膜严重出血（孙锡斌等）

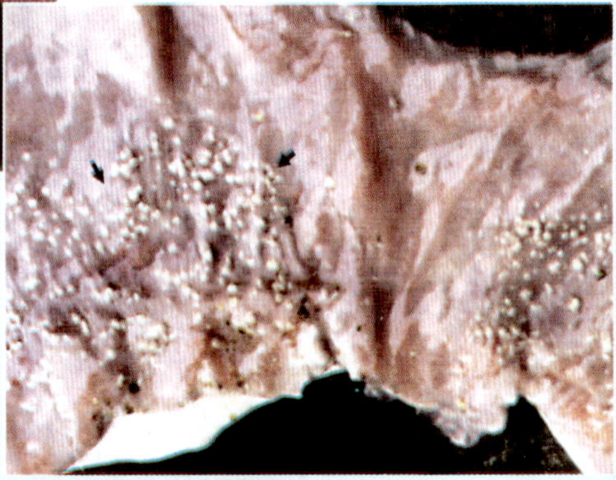

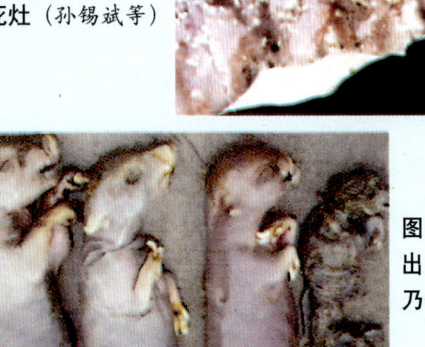

图5-42 病猪胎膜上发生弥漫性、粟粒大、灰白色坏死灶（孙锡斌等）

图5-43 母猪产出水肿胎儿和木乃伊（徐有生）

【鉴别诊断】 见表5-3。

表5-3 与布鲁氏菌病的鉴别诊断

| 病 名 | 症 状 |
|---|---|
| 猪细小病毒感染 | 初产母猪多发。50~70天感染时出现流产，70天以后感染能正常分娩。剖检胎儿部分钙化，皮下充血或水肿、胸、腹腔积有淡红色或淡黄色渗出液 |
| 猪繁殖与呼吸综合征 | 体温升高，呼吸困难，咳嗽。剖检腹腔有淡黄色积液，木乃伊胎儿皮肤棕色 |
| 猪乙型脑炎 | 多发于7~9月份。视力减弱，乱冲乱撞。剖检可见脑室有大量黄红色积液，脑回明显肿胀，脑沟变浅、出血，血液不凝固 |

续表 5-3

| 病 名 | 症 状 |
|---|---|
| 猪伪狂犬病 | 震颤，视力消失，出现神经症状。剖检可见流产胎盘和胎儿的脾、肝、肾上腺和脏器的淋巴结有凝固性坏死 |
| 猪钩端螺旋体病 | 体温升高，黏膜泛黄，眼结膜水肿、苍白、泛黄，皮肤发红，瘙痒。剖检可见肝脏肿大、棕黄色，膀胱黏膜有出血点 |
| 猪衣原体病 | 流产前无症状。剖检子宫内膜出血、有坏死灶，流产胎衣呈暗红色、表面有坏死区域、周围有水肿。公猪出现睾丸炎、附睾炎、尿道炎、包皮炎 |
| 猪弓形虫病 | 病猪高热，耳翼、鼻端出现淤血斑、结痂和坏死。剖检淋巴结肿大、出血，肺膈叶和心叶间质性水肿、内有半透明胶冻样物质、实质有白色坏死灶或出血点 |

【防治措施】 定期检疫、有计划地进行疫苗接种，发现本病最好采用淘汰病猪和菌苗接种相结合的方法来处理。

## 四、子宫内膜炎

### (Endometritis)

子宫内膜炎是指子宫黏膜及黏膜下层受到刺激或感染而发生的黏液性或化脓性炎症。主要特征是发情不正常，发情正常的不易受孕，受孕的易发生流产。

【诊断要点】

1. 病因 本病发生的主要原因是母猪在分娩、产褥期中由于抵抗力下降感染细菌引起发病。此外，流产或难产时滞留在子宫内的胎衣、血污等通过腐败和液化刺激子宫内膜也可引起发病。

2. 临床表现

(1) 急性型 病猪全身症状明显，表现食欲减退或废绝，体温升高，频繁努责，阴道流污红腥臭分泌物，不愿给仔猪哺乳（图5-44至图5-47）。

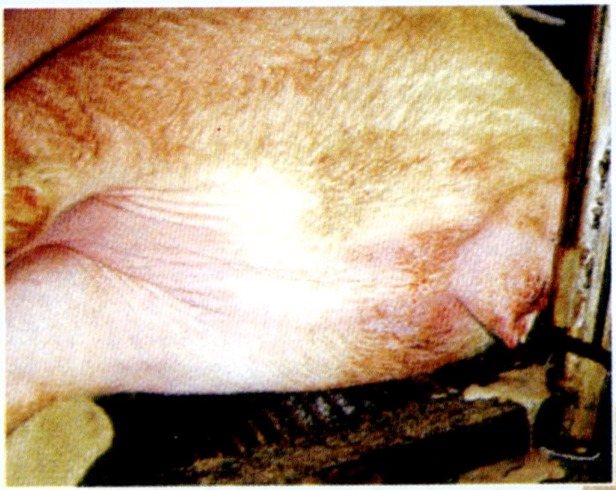

图5-44　母猪子宫内膜炎，流出大量恶臭脓汁（林太明等）

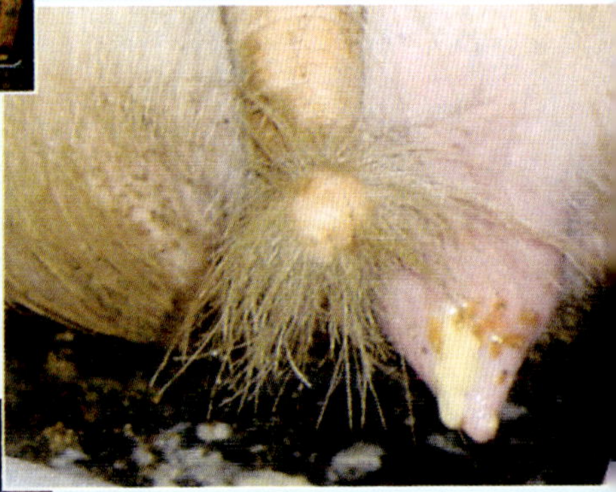

图5-45　阴道流出脓性分泌物（白挨泉等）

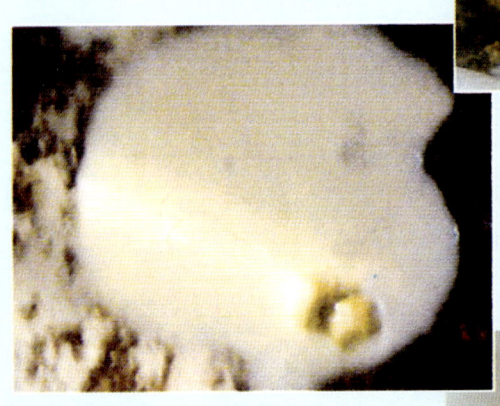

图5-46　脓性分泌物（白挨泉等）

图5-47　妊娠母猪流产

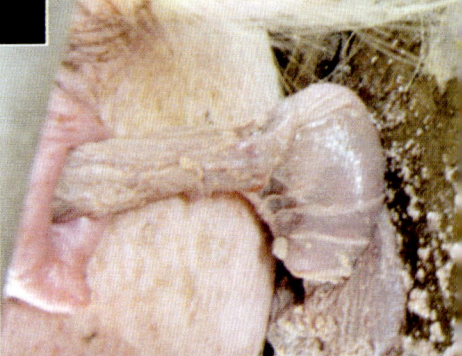

(2) 慢性型　病猪全身症状不明显，阴户周围有灰白色、黄色或暗红色分泌物，发情不正常，屡配不孕，即使受胎也发生流产或死胎，逐渐消瘦。

【鉴别诊断】　见表5-4。

表5-4　与猪子宫内膜炎病的鉴别诊断

| 病　名 | 症　状 |
|---|---|
| 布鲁氏菌病 | 阴唇、乳房肿胀，多在预产期前流产，同时公猪有睾丸炎和附睾炎 |
| 阴道炎 | 阴道可视黏膜创伤、肿胀或溃烂 |
| 产褥热 | 体温升高，阴户流出褐色、恶臭的分泌物 |
| 流　产 | 未到预产期便排出胎儿，体温不升高，不排腥臭的分泌物 |

【防治措施】　加强对妊娠母猪的饲养管理，增加青绿饲料，适当运动，保持健康体质。治疗时，进行全身治疗，要重视子宫内容物的排出。

## 五、乳房炎

(Mastitis)

乳房炎是由各种致病因素侵害乳腺而引起乳腺发炎的一种常见病。多发生于产后5~30天，以不让仔猪吃奶为特征。

【诊断要点】

1. 病因　引起本病发生的主要原因是乳头与地面摩擦或仔猪争奶等因素造成乳头发生创伤，使微生物侵入乳孔。此外，母猪患子宫内膜炎时，易诱发乳房炎。

2. 临床表现　患病母猪乳房肿胀，病初发红，逐渐变紫，质地变硬，不让仔猪吃奶。奶汁含有絮状物，多呈灰褐色或粉红色，有时混有血液。体温升高、食欲减退或废绝。严重时肿硬，乳房分泌黄稠或水样脓汁（图5-48，图5-49）。

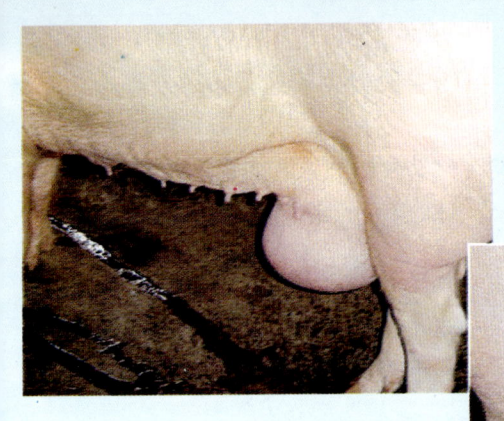

图 5-48 母猪乳房肿胀（林太明等）

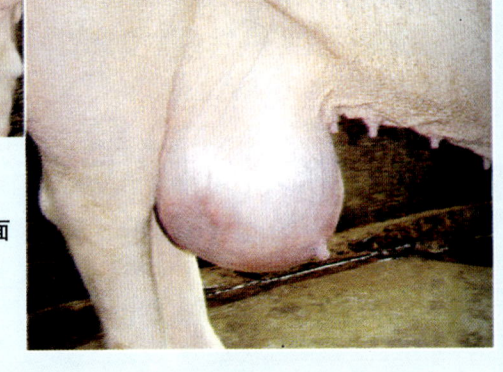

图 5-49 乳房红肿，表面有少量溃疡（林太明等）

【防治措施】 保持母猪圈舍的地面和放牧场所及褥草的清洁卫生，分娩后注意乳房和乳头的清洁，观察有无创伤。治疗时可用碘酊涂擦伤口；如发生急性炎肿胀时可用硫酸镁溶液温敷；若体温升高，用青霉素和链霉素抗菌消炎。

## 六、母猪无乳综合征

母猪无乳综合征是母猪产后常发病之一，遍及全球，临床上以少乳或无乳、厌食、沉郁、昏睡、便秘、无力为特征。

【诊断要点】

1. 病因 引起母猪无乳综合征的因素很多，主要是应激、传染病、激素失调和营养管理这4个因素。此外，乳腺发育不全、低钙症、自身中毒、运动不足、难产等因素也会引发本病。

2. 临床表现 患病母猪主要表现食欲不振、饮水极少、心跳和呼吸加快、昏迷。体温升高，随后出现毒血症。乳腺及周围组织变硬，乳腺逐渐退化、萎缩。乳汁分泌下降、发黄、浓稠（图5-50，图5-51）。

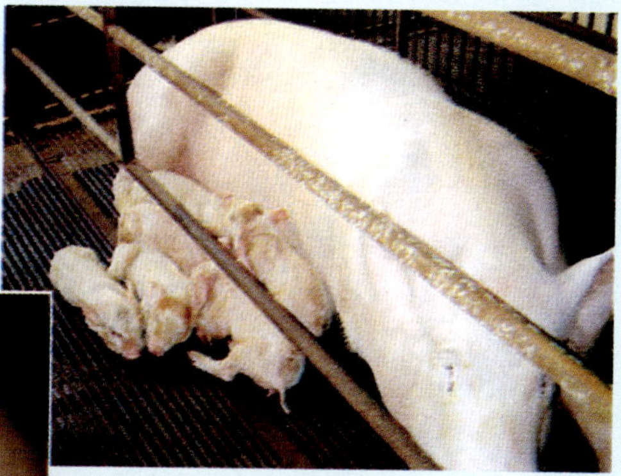

图5-50 母猪伏卧，拒绝哺乳（林太明等）

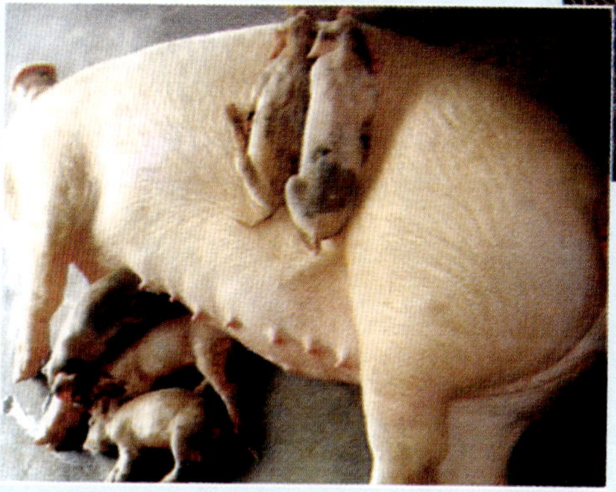

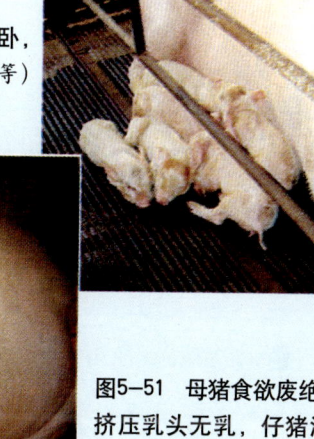

图5-51 母猪食欲废绝，挤压乳头无乳，仔猪消瘦、腹泻（林太明等）

3. 病理剖检变化  病猪剖检可见乳腺小叶出现水肿，乳房淋巴结肿大、出血、充血，子宫松弛，子宫壁水肿，子宫腔内有液体，可见急性子宫内膜炎，卵巢变小，肾上腺肥大。

【鉴别诊断】  见表5-5。

表5-5  与母猪无乳综合征的鉴别诊断

| 病 名 | 症 状 |
| --- | --- |
| 乳房炎 | 发病多局限在1个或2个乳区，不发病的泌乳正常，乳汁脓性 |
| 子宫内膜炎 | 常努责，粪便污红、腥臭，含有胎衣碎片 |
| 母猪分娩后便秘 | 体温不高，食欲废绝，奶少，通便后泌乳恢复正常 |

【防治措施】  不要在分娩前后更换饲料，避免应激因素的出现，保持猪舍清洁干燥，空气流通。临产前多给饮水和饲喂多汁饲料，让母猪适当运动，避免便秘的发生。治疗时可用前列腺素、青霉素等药物，治疗期间让仔猪吮吸乳头，刺激泌乳。

# 第六章 皮肤损伤类疾病

## 一、口蹄疫

(Foot and mouth disease,FMD)

口蹄疫是由口蹄疫病毒(FMDV)引起的偶蹄动物的一种急性、热性、高度接触性传染病。

【诊断要点】

1. **流行病学** 本病主要感染偶蹄动物,单蹄动物不发病。一年四季都可发生,但以冬、春、秋季,气候比较寒冷时多发。

本病一般呈良性经过,大猪很少死亡,仔猪通常呈急性肠炎和心肌炎突然死亡,病死率可达60%~80%。

2. **临床表现** 病猪感染初期体温升高至40℃~41℃,食欲减少,精神不振。相继在蹄冠、蹄踵、蹄叉、口腔的唇、齿龈、舌面、口、乳头、鼻镜等部位出现大小不等的水疱和溃疡(图6-1至图6-8)。

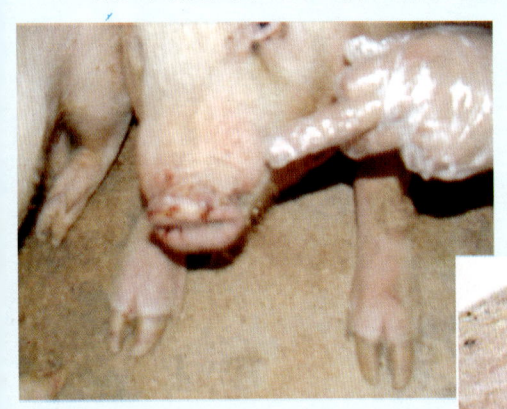

图6-1 病猪上、下唇上的烂疱

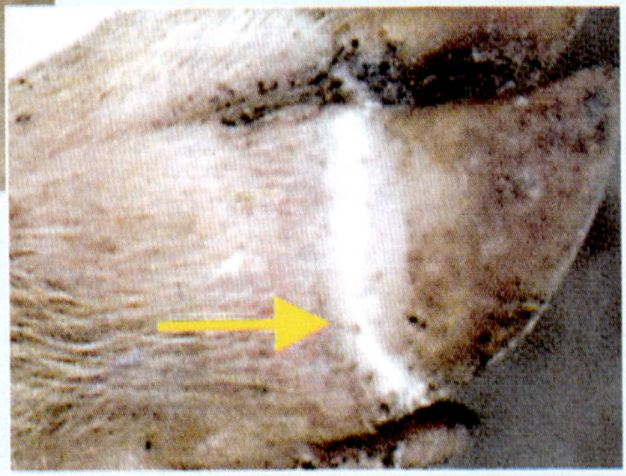

图6-2 猪蹄冠上的条形水疱(徐有生)

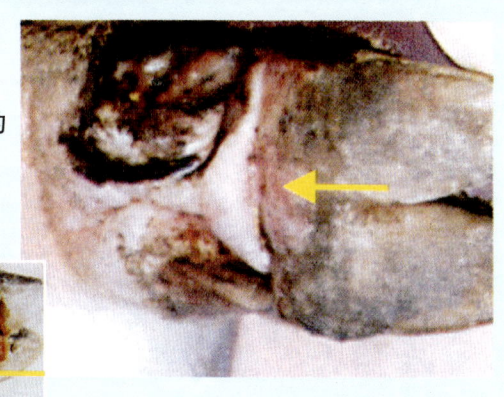

图6-3 病猪悬蹄间皮肤的"⊥"形的水疱(徐有生)

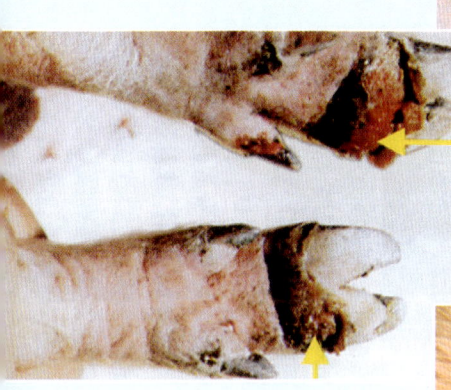

图6-4 病猪前肢蹄后部破溃、出现红色烂斑、蹄匣开始脱落(徐有生)

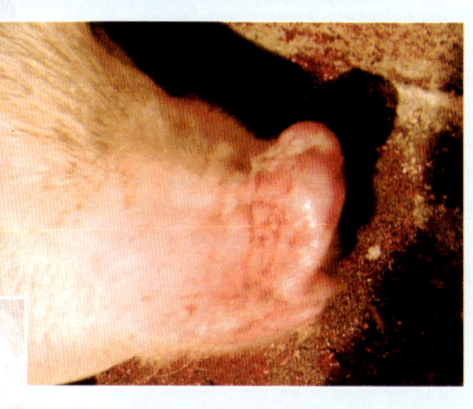

图6-5 病猪吻突上的水疱和烂斑

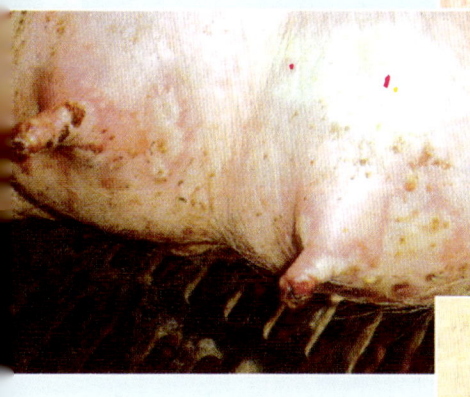

图6-6 乳房皮肤水疱破溃、糜烂(林太明等)

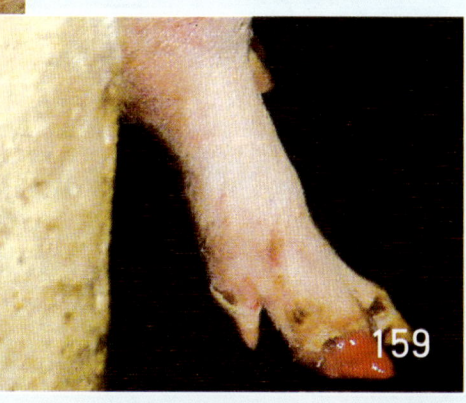

图6-7 患病生长猪蹄匣脱落(白挨泉等)

159

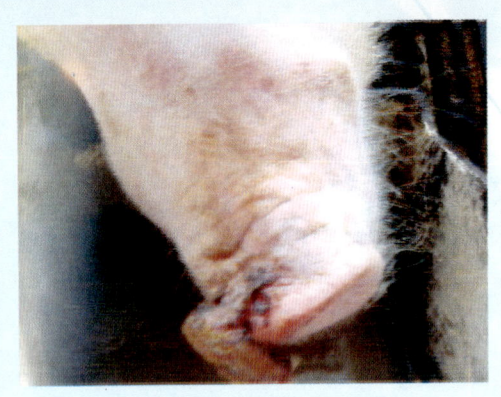

图6-8 患猪水疱破溃、结痂（白挨泉等）

3.病理剖检变化 病死猪尸体消瘦，鼻镜、唇内黏膜、齿龈、舌面上发生大小不一的圆形水疱疹和糜烂病灶，个别猪局部有脓样渗出物。重症的猪可见虎斑心、心肌扩张、色淡、质变柔软，弹性下降，出现红白相间的条纹状变性坏死灶（图6-9，图6-10）。

图6-9 病猪心肌变性、坏死、心外膜下出现淡黄色斑纹（徐有生）

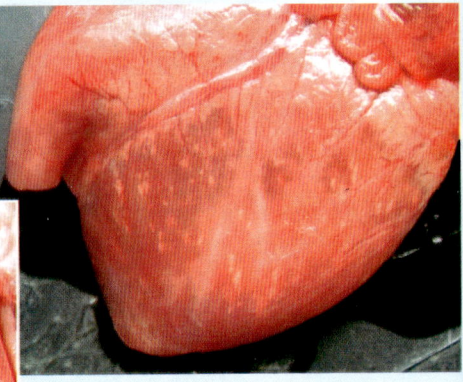

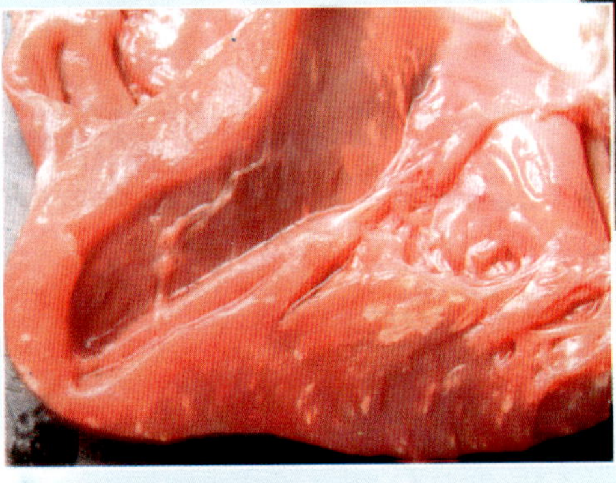

图6-10 虎斑心（林太明等）

【鉴别诊断】 见表6-1。

表6-1 与口蹄疫病的鉴别诊断

| 病 名 | 症 状 |
|---|---|
| 猪水疱病 | 水疱从蹄与皮肤交界处发生，然后口腔有小水疱，舌面很少发生。剖检无明显病变 |
| 猪水疱性口炎 | 夏季多发，多为散发。蹄部水疱少、甚至没有 |

续表6-1

| 病　名 | 症　状 |
|---|---|
| 猪水疱性疹 | 地方性流行或散发。有时在腕前、跗前皮肤出现较大水疱。用口蹄疫血清不能保护 |
| 猪　痘 | 多发于春、秋潮湿季节。主要发生在躯干、下腹部和股内侧，先丘疹后转为水疱，表面平整、中央稍凹呈脐状，蹄部水疱少见。 |

**【防治措施】** 猪口蹄疫预防接种可用灭活苗或猪用弱毒苗，接种疫苗前应注意先测定发生口蹄疫的疫型，然后再接种。当怀疑有本病发生时，除及时诊断外，应于当日向上级有关防疫部门提出报告。一旦暴发，应迅速对疫点进行封锁，病群全部销毁，运输工具、猪舍、饲养用具等彻底消毒。对疫区和受威胁区进行紧急接种。

## 二、猪水疱病

（Swine vesicular disease，SVD）

猪水疱病是由猪水疱病病毒(Swine vesicular disease virus, SVDV）引起的一种急性、热性、接触性传染病。

**【诊断要点】**

**1. 流行病学** 本病可感染各种年龄、品种的猪，一年四季均可发生，猪群高度密集、调运频繁的猪场传播较快。发病猪是主要的传染源，健康猪与病猪同圈24～45小时，病毒即可经破损的皮肤、消化道、呼吸道侵入猪体。本病主要通过接触而感染，被病毒污染的饲料、垫草、运动场、用具及饲养员等均可造成本病的传播。

**2. 临床表现**

（1）典型水疱病　特征性水疱常见于主蹄和副蹄的蹄冠上。病猪体温升高至40℃~42℃，上皮苍白肿胀。严重者用膝部爬行，食欲减退，精神沉郁。出现神经系统紊乱症状的主要表现为前冲、转圈、用鼻摩擦或用牙齿咬用具，眼球转动，个别出现强直性痉挛（图6-11，图6-12）。

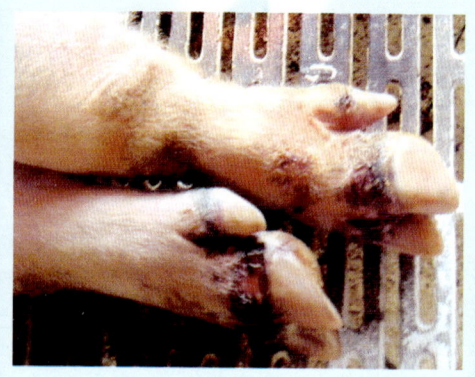

图6-11 蹄部皮肤形成水疱、溃疡（白挨泉等）

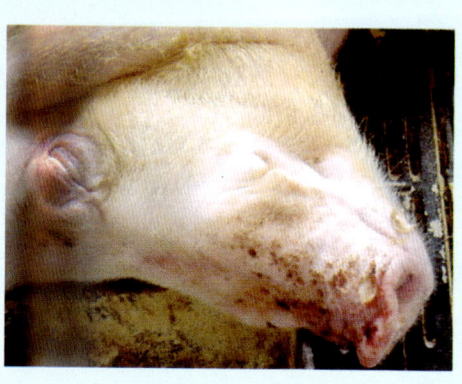

图6-12 鼻端水疱破裂、形成溃疡（白挨泉等）

（2）轻型水疱病 只在蹄部发生1、2个水疱，症状轻微，恢复很快。

（3）隐性型 不表现任何症状，但可能排毒，对易感猪有很大的威胁性。

【鉴别诊断】见表6-2。

表6-2 与猪水疱病的鉴别诊断

| 病　名 | 症　状 |
| --- | --- |
| 口蹄疫 | 多发于冬、春、秋季。口、鼻、舌出现普遍性水疱。剖检鼻镜、唇内黏膜、齿龈、舌面上发生大小不一的圆形水疱疹和糜烂病灶，心肌切面有灰白色或淡黄色斑或条纹，称"虎斑心" |
| 猪水疱性口炎 | 多发于夏、秋季。先在口腔发生水疱，随后蹄冠和趾发生少数水疱 |

续表6-2

| 病　名 | 症　状 |
|---|---|
| 猪水疱性疹 | 地方性流行或散发。有时在腕前、跗前皮肤出现较大水疱。用口蹄疫血清不能保护 |
| 猪痘 | 多发于春、秋潮湿季节。主要发生在躯干、下腹部和股内侧，先丘疹后转为水疱，表面平整、中央稍凹呈脐状，蹄部水疱少见。剖检咽、气管等黏膜出现卡他性或出血性炎症 |

【防治措施】 控制本病的重要措施是防止将病毒带入非疫区，不从疫区调入猪只和猪肉产品。加强检疫、隔离和封锁制度。做好免疫预防工作。对猪舍、运猪和饲料的交通工具及饲养用具要经常进行消毒。

## 三、猪痘

(Swine pox)

猪痘是由猪痘病毒和痘疫苗病毒引起的一种急性、热性传染病。

【诊断要点】

1. 流行病学　各种年龄的猪都可发病，主要感染4~6周龄的仔猪，以夏、秋季多发，呈地方性流行。病猪和康复猪从皮肤黏膜的痘疹中排出病毒，经呼吸道、消化道和皮肤传染，猪虱、蚊、蝇等昆虫是本病的传播媒介。

2. 临床表现　病猪体温升高、精神不振、喜卧、行动呆滞。

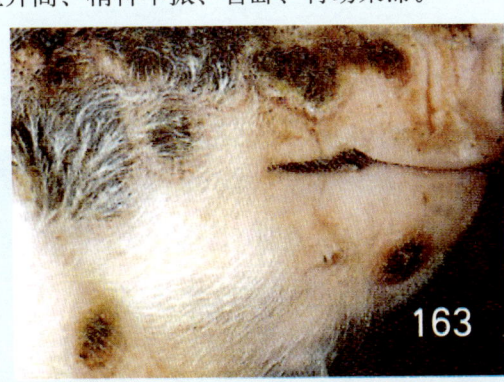

图6-13　头部痘疹继发细菌感染、咬肌下痘疹为出血型（徐有生）

下腹部、四肢内侧、鼻镜、眼皮、耳部出现痘疹。另外，在口、咽、气管、支气管等处若发生痘疹，常引起败血症而最终死亡（图6-13，图6-14）。

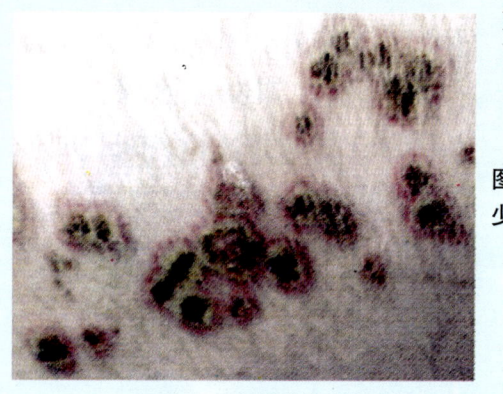

图6-14　圆形痘疹发展为脓疱、少数痘疹开始结痂（徐有生）

【鉴别诊断】　见表6-3。

表6-3　与猪痘病的鉴别诊断

| 病　名 | 症　　状 |
| --- | --- |
| 口蹄疫 | 多发于春、秋、冬季，传播迅速。水疱多发生在唇、齿龈、口、乳房和蹄部，躯干不发生 |
| 猪水疱病 | 水疱主要发生在蹄部、口、鼻等处，躯干不发生 |
| 猪水疱性疹 | 水疱多发生在鼻镜、舌、蹄部，躯干不出现丘疹和水疱 |
| 水疱性口炎 | 水疱多发生在鼻端、口，躯干不发生 |
| 猪葡萄球菌病 | 多由创伤感染。病猪表现呼吸急促、扎堆、呻吟、大量流涎和腹泻。水疱破溃后水疱液成棕黄色 |

【防治措施】　发现本病应立即隔离、封锁，猪舍消毒，同时灭鼠、灭蚊、灭蝇、灭虱。

## 四、猪坏死杆菌病

(Necrobacillosis)

坏死杆菌病是由坏死梭杆菌引起的多种哺乳动物和禽类的一

种慢性传染病。其特征是组织坏死。

【诊断要点】

1. 流行病学　本病可感染多种动物,幼畜比成年畜易感。多呈散发或地方性流行,在多雨、潮湿及炎热季节多发。病畜和病禽是主要传染源,当皮肤和黏膜受到损伤时,很容易被感染。

2. 临床表现　病猪耳、颈部、体侧等处的皮肤发生坏死。以体表皮肤及皮下发生坏死和溃疡为特征(图6-15至图6-17)。

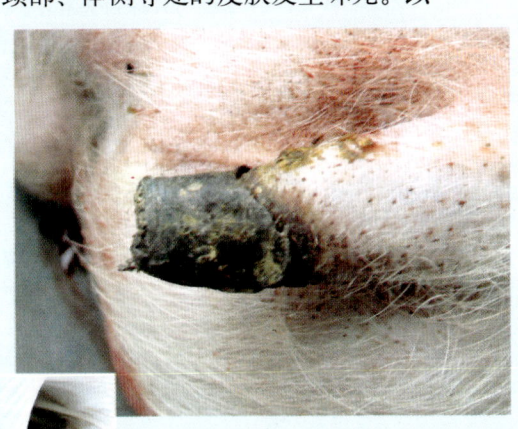

图6-15　仔猪尾部坏死

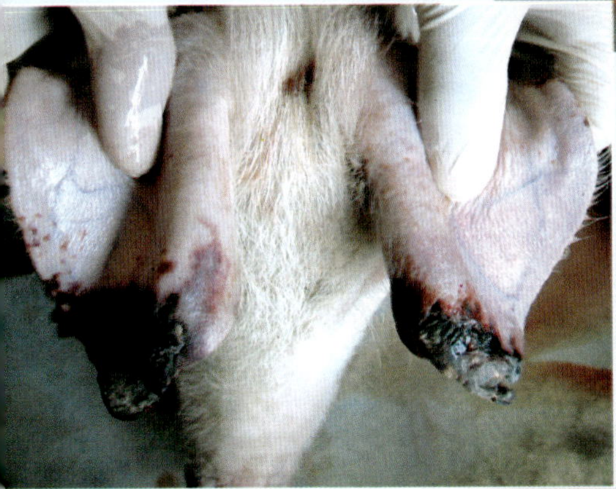

图6-16　猪耳朵坏死

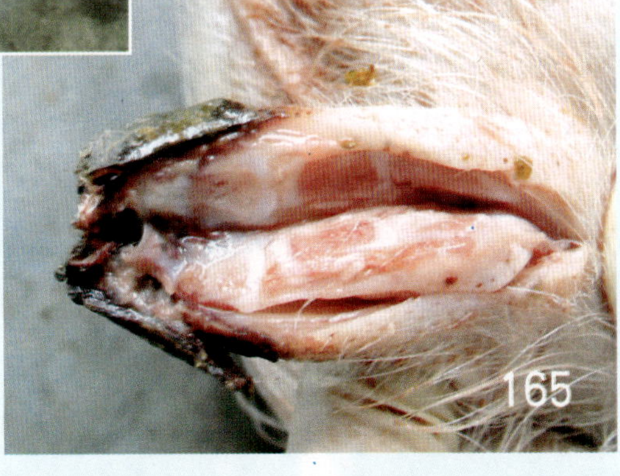

图6-17　尾根皮肤坏死

【鉴别诊断】 见表6-4。

表6-4 与猪坏死杆菌病的鉴别诊断

| 病　名 | 症　状 |
| --- | --- |
| 皮炎肾病综合征 | 主要感染12~14周龄的猪群，皮肤出现红紫色丘状斑点，由病程进展被黑色痂覆盖然后消失留下瘢痕 |
| 水疱性疹 | 地方性流行或散发。有时在腕前、跗前皮肤出现较大水疱。用口蹄疫血清不能保护 |
| 猪痘 | 多发于春、秋潮湿季节。主要发生在躯干、下腹部和股内侧，先丘疹后转为水疱，表面平整、中央稍凹呈脐状，蹄部水疱少见 |
| 放线菌病 | 本病主要感染乳房，剖检时乳房中可见针头大黄白色硫黄样颗粒状物 |
| 渗出性皮炎 | 主要通过损伤的皮肤和黏膜感染，以7~30日龄的仔猪多发，体温不高。病变首先发生在背部、颈部等无毛处 |
| 猪疥螨病 | 主要发生在头顶、肩胛等体毛较少部位，特别是眼睛周围。患部发红，瘙痒 |
| 皮肤真菌病 | 病猪主要表现为头部、颈部、肩部出现大面积的发病区，中度瘙痒，不脱毛 |

【防治措施】 预防本病要避免外伤，一旦发生要及时处理。发生本病后，要及时隔离和治疗，对场地、用具等消毒。

治疗时，以局部治疗为主，配合全身治疗。局部治疗常用1%高锰酸钾液冲洗，然后用福尔马林、碘酊等进行涂布。

## 五、猪渗出性皮炎

(Exudative epidermitis)

猪渗出性皮炎是由猪葡萄球菌引起的一种急性、接触性传染病。特征为全身油脂样渗出性皮炎。

【诊断要点】

1. 流行病学　本病主要发生于6周龄以内的哺乳仔猪和断奶仔猪，呈散发性，也可出现流行。病原菌分布广泛，空气、饲料、饮水及母猪的口、鼻、耳、肛门、阴道皮肤及黏膜上均存在。主要通过接触传染和空气传染。

2. 临床表现　感染的病猪首先在腋部和肋部出现薄的、灰棕色片状渗出物，随后扩展到全身各处，很快变化为富含脂质状。触摸患部皮肤温度增高，被毛粗乱。口腔溃疡，蹄球部角质脱落，食欲不振、脱水。严重的猪体重迅速减轻，24小时内死亡，多数在3~10天死亡，耐过猪生长明显变慢（图6-18至图6-27）。

图6-18　颜面部和腕关节部皮肤发炎、油腻、潮湿

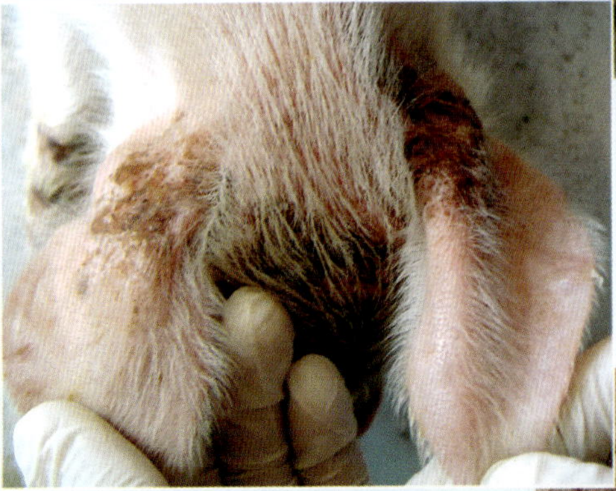

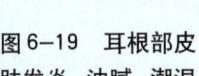

图6-19　耳根部皮肤发炎、油腻、潮湿

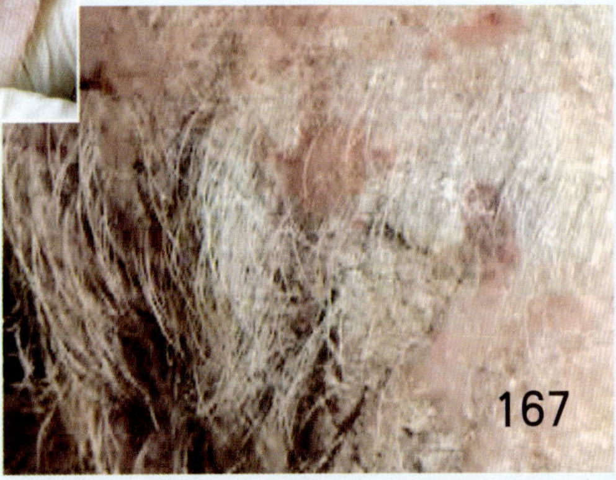

图6-20　皮肤粗糙有溃烂

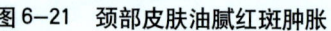

图6-21 颈部皮肤油腻红斑肿胀

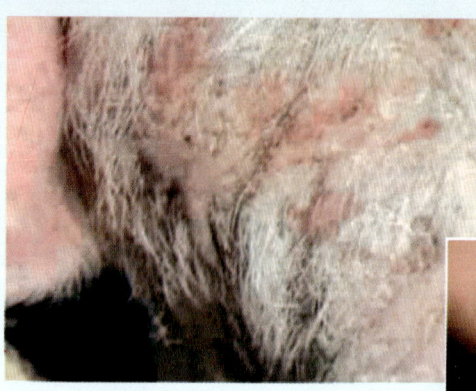

图6-22 耳部有疹点

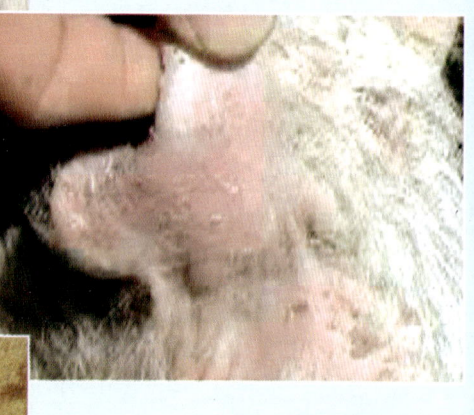

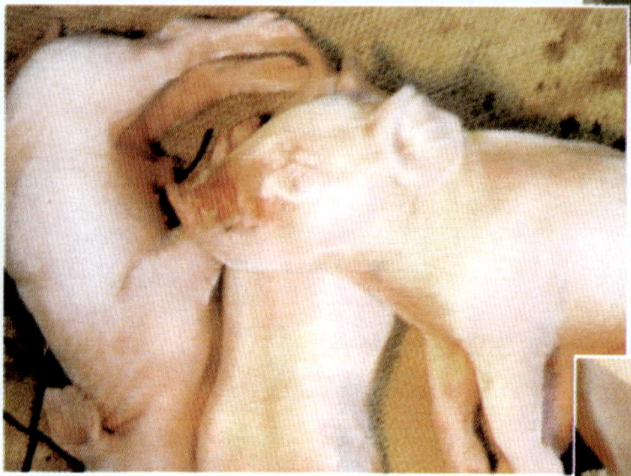

图6-23 患猪鼻部皮肤发炎（白挨泉等）

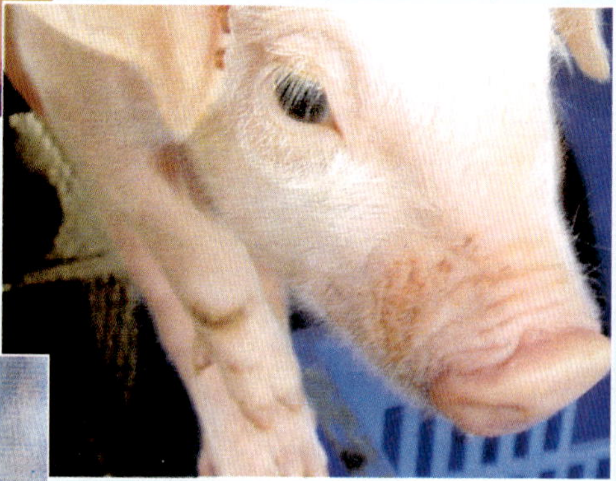

图6-24 患猪早期颜面部皮肤发炎（白挨泉等）

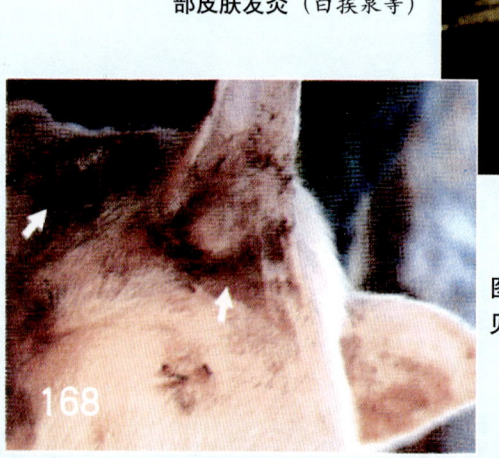

图6-25 病猪的皮肤受损见于头面部（孙锡斌等）

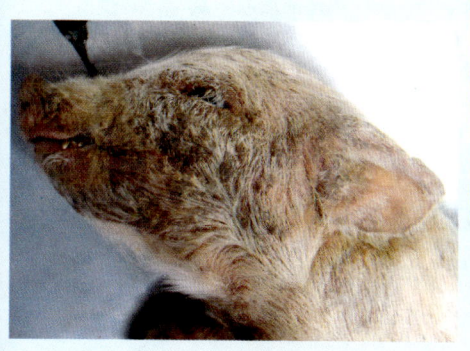

图6-26 腹部皮肤发红,潮湿油腻

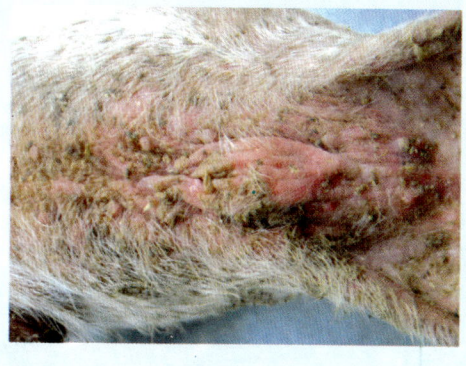

图6-27 皮炎部黄褐色渗出物、皮肤铜色、湿度大、油腻

【鉴别诊断】 见表6-5。

表6-5 与猪渗出性皮炎病的鉴别诊断

| 病 名 | 症 状 |
|---|---|
| 猪口蹄疫 | 剖检肺浆液浸润,心包液浑浊,心肌出现淡灰色和黄色条纹 |
| 猪水疱病 | 体温升高,皮肤不见渗出物 |
| 猪水疱性疹 | 病初体温升高,体躯皮肤及周围组织不见发红和油脂性分泌物 |
| 坏死杆菌病 | 多发于体侧、臀部皮肤,破溃后流出灰黄色或灰棕色恶臭液体 |
| 皮炎肾病综合征 | 主要感染12~14周龄的猪群,皮肤出现红紫色丘状斑点,由病程进展被黑色痂覆盖,然后消失留下瘢痕 |
| 水疱性疹 | 地方性流行或散发。有时在腕前、跗前皮肤出现较大水疱。用口蹄疫血清不能保护 |
| 猪 痘 | 多发于春、秋潮湿季节。主要发生在躯干、下腹部和股内侧,先丘疹后转为水疱,表面平整、中央稍凹呈脐状、蹄部水疱少见。剖检咽、气管等黏膜出现卡他性或出血性炎症 |
| 猪放线菌病 | 本病主要感染乳房,剖检时乳房中可见针头大黄白色硫黄样颗粒状物 |
| 猪疥螨病 | 主要发生在头顶、肩胛等体毛较少部位,特别是眼睛周围。患部发红,瘙痒 |
| 皮肤真菌病 | 病猪主要表现为头部、颈部、肩部出现大面积的发病区,中度瘙痒,不脱毛 |

【防治措施】 修剪初生仔猪的牙齿，采用干燥、柔软的猪床。母猪进入产房前应清洗、消毒，然后放进消毒过的圈舍。治疗应及时，联合使用三甲氧苄二氨嘧啶和磺胺类药物或林可霉素和壮观霉素有较好的治疗效果。

## 六、猪疥螨病

(Sarcoptic acariasis)

猪疥螨病是由寄生于猪的表皮内而引起的一种接触性感染的慢性皮肤寄生虫病。特征为皮肤剧痒和皮肤炎症。分布广泛，各地都有发生。

【诊断要点】

1. 流行病学　本病主要发生于猪，不同年龄、品种均可感染，多发于光照不足的秋、冬和早春。健康猪直接接触病猪或病猪蹭过痒的食槽、墙壁、栏杆等地方而引起感染。此外，散放的畜禽、狗、猫，以及工作人员或其他人员进出猪舍时也可传播病原。

2. 临床表现　患猪主要表现是靠在各种物体上不断蹭痒，用力摩擦，最初皮屑和被毛脱落，之后皮肤潮红，浆液性浸润，甚至出血，渗出液和血液干涸后形成痂皮。皮肤增厚，粗糙变硬，失去弹性或形成皱褶和龟裂（图6-28至图6-32）。

图6-28　母猪到处摩擦，严重时表现消瘦（林太明等）

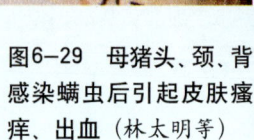

图6-29　母猪头、颈、背感染螨虫后引起皮肤瘙痒、出血（林太明等）

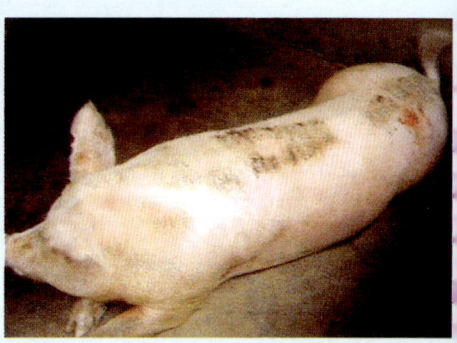

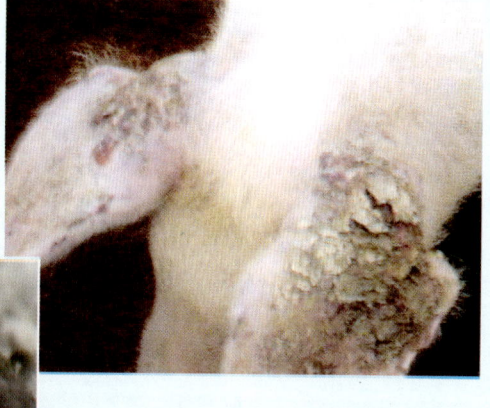

图 6-30 患猪耳部皮肤结痂、龟裂（白挨泉等）

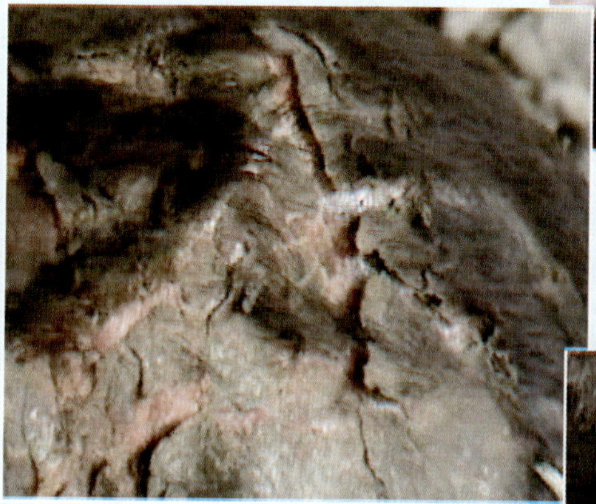

图 6-31 背部皮肤结痂、龟裂

图 6-32 耳背皮肤粗糙，干硬

【鉴别诊断】 见表6-6。

表 6-6 与猪疥螨病的鉴别诊断

| 病　名 | 症　状 |
| --- | --- |
| 坏死杆菌病 | 多发于体侧、臀部皮肤，破溃后流出灰黄色或灰棕色恶臭液体 |
| 猪虱 | 在下颌、颈下、腋间、内股部皮肤增厚，可找到猪虱 |
| 皮炎肾病综合征 | 主要感染12~14周龄的猪群，皮肤出现红紫色丘状斑点，由病程进展被黑色痂覆盖，然后消失留下瘢痕 |
| 水疱性疹 | 地方性流行或散发。有时在腕前、跗前皮肤出现较大水疱。用口蹄疫血清不能保护 |

续表6-6

| 病　名 | 症　状 |
|---|---|
| 猪痘 | 多发于春、秋潮湿季节。主要发生在躯干、下腹部和股内侧，先丘疹后转为水疱，表面平整、中央稍凹呈脐状，蹄部水疱少见。剖检咽、气管等黏膜出现卡他性或出血性炎症 |
| 渗出性皮炎 | 主要通过损伤的皮肤和黏膜感染，以7～30日龄的仔猪多发，体温不高。病变首先发生在背部、颈部等无毛处 |
| 猪疥螨病 | 主要发生在头顶、肩胛等体毛较少部位，特别是眼睛周围。患部发红，瘙痒 |
| 皮肤真菌病 | 病猪主要表现为头部、颈部、肩部出现大面积的发病区，中度瘙痒，不脱毛 |

【防治措施】 治疗时可用敌百虫溶液喷雾、烟叶或烟梗涂搽患部、阿维菌素皮下注射等方法，都有很好的疗效。

## 七、猪细颈囊虫病

猪细颈囊尾蚴病是由寄生于狗、狼等肉食兽小肠内的泡状带绦虫的幼虫细颈囊尾蚴寄生于猪的肝脏、浆膜、网膜、肠系膜，甚至肺脏而引起的一种绦虫蚴病。

【诊断要点】

1. **流行病学** 本病呈世界性分布，发病和流行主要和饲养有关。感染了泡状带绦虫的肉食动物，通过粪便将虫卵散布在牧地、猪舍周围及周围山林中，猪在放牧和散放时经消化道引起感染。

2. **临床表现** 仔猪感染后表现体温升高、精神沉郁、腹水，按压腹壁有疼痛，虚弱、消瘦，出现黄疸。偶见呼吸困难和咳嗽的症状。成年猪症状一般不明显。

3. **病理剖检变化**

（1）急性型 病猪可见肝肿大，表面有出血点，肝实质中能找到遗留的虫道，虫道充满血液，逐渐变为黄灰色。有时可见到急性腹膜炎或混有血液和虫体的腹水（图6-33，图6-34）。

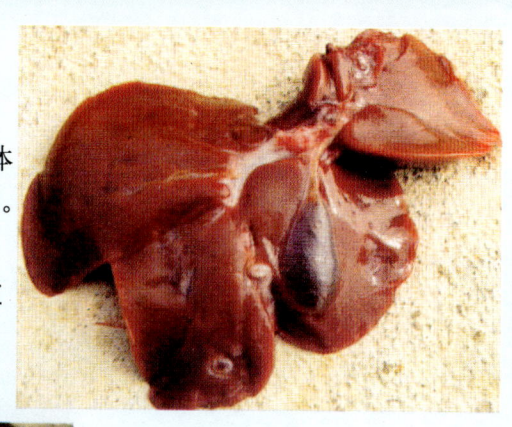

图6-33 肝脏表面呈现黄豆大小的囊泡（林太明等）

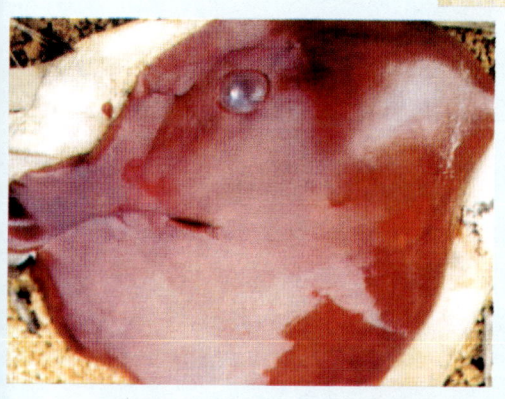

图6-34 幼虫寄生在肝脏表面，呈水疱状外观（林太明等）

（2）慢性型 病猪在肠系膜、大网膜、肝被膜和肝实质中可找到虫体。严重时，肺和胸腔内也出现虫体。

【鉴别诊断】 见表6-7。

表6-7 与猪细颈囊虫病的鉴别诊断

| 病 名 | 症 状 |
|---|---|
| 猪棘球蚴病 | 肝区疼痛，右腹侧膨大。剖检可见肝、肺表面凹凸不平，有时可见棘头蚴显露于表面 |
| 猪华枝睾吸虫病 | 腹泻。剖检胆囊肿大，胆管变粗，胆囊和胆管内可见虫体和虫卵 |

【防治措施】 加强饲养管理，禁止用感染的猪内脏喂狗，防止狗到处活动和进入猪舍，消除野狗。猪要圈养，避免吃到肉食动物粪便中的虫卵。目前尚无有效的疗法治疗本病，因此应注重平时饲养中对本病的预防。

## 八、猪虱

### (Lice)

猪虱病是由猪血虱寄生于猪的体表而引起的一种昆虫病，是猪最常见，永久性寄生的，对养猪业危害较大的一种寄生虫病。

【诊断要点】

1. 流行病学　本病主要的感染源是患病的猪，主要通过直接接触感染健康猪。也可通过饲养工具、栏杆、隔墙等间接接触感染。

2. 临床表现及病理变化　猪血虱可终生寄生于猪体表面，主要寄生于耳基部、颈部、腹下和四肢内侧。多引起猪只不安、发痒，影响采食和休息。皮肤内出现小结节，甚至坏死。患猪找物体进行摩擦，皮肤损伤、脱毛，病猪消瘦、发育不良(图6-35,图6-36)。

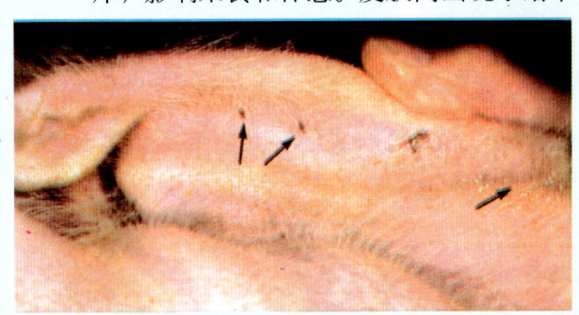

**图6-35　猪血虱**(箭头所指为虱)(W.J.Smith)

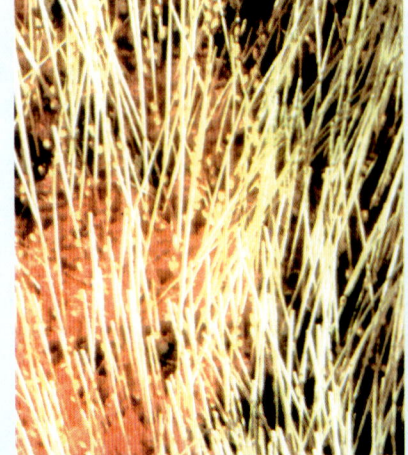

**图6-36　猪血虱产卵于毛干上**
(Merch Sharp and Dohme Ltd)

【鉴别诊断】 见表6-8。

表6-8 与猪虱病的鉴别诊断

| 病 名 | 症 状 |
|---|---|
| 猪疥螨病 | 体表无虱,患部刮取物放在黑纸上,用放大镜观察可见活的疥螨 |
| 锌缺乏症 | 皮肤有小红点,皮肤粗糙、干裂,蹄裂,蹄壁无光泽,体表无虱 |

【防治措施】 保持通风良好,避免拥挤。对猪群进行定期检查。治疗时可用敌百虫、双甲脒等药物。

## 九、猪的皮肤真菌病

(Dermatomycoses of swine)

猪的皮肤真菌病是由多种皮肤致病真菌所引起的猪的皮肤病的总称。

【诊断要点】

1. 流行病学 本病几乎可感染所有的家畜和野生哺乳动物,在猪群中主要通过猪与猪之间的接触或间接接触器物而发生感染。垫草、饲料等都在本病的感染锁链中起到一定作用。

2. 临床表现及病理变化 病猪主要表现为头部、颈部、肩部出现大面积的发病区,有时也可在背部、腹部和四肢见到。中度瘙痒,不脱毛,病灶中度潮红、有小水疱。发病数天后,痂块之间产生灰棕色连成一片的皮屑性覆盖物(图6-37至图6-40)。

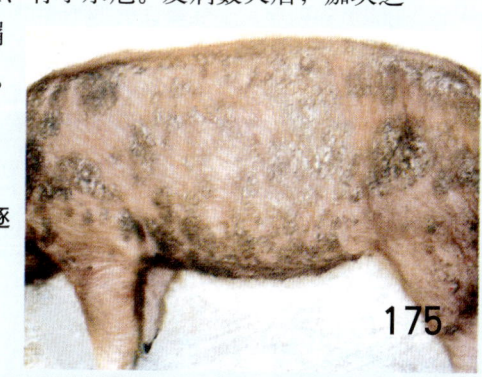

图6-37 局限性丘疹,逐步向外扩展(孙锡斌等)

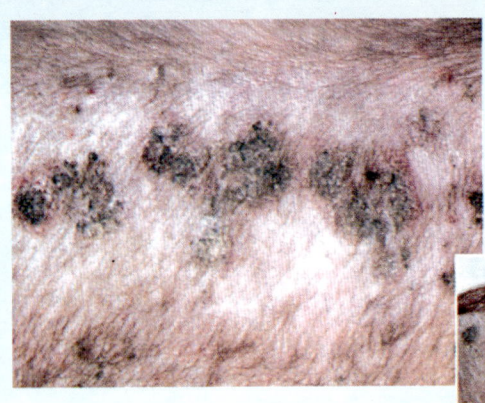

图6-38 皮肤呈环状或多环状损害,粉红色或浅褐色,覆皮屑或痂片（孙锡斌等）

图6-39 病猪皮肤干燥,呈松树皮状无痒症（孙锡斌等）

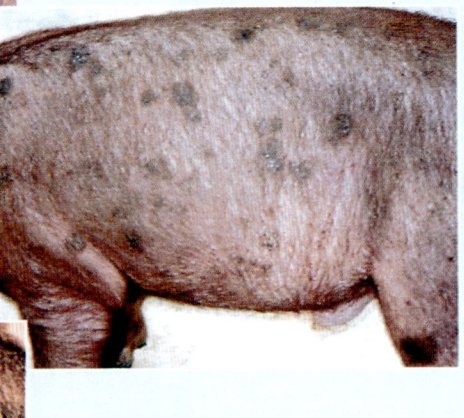

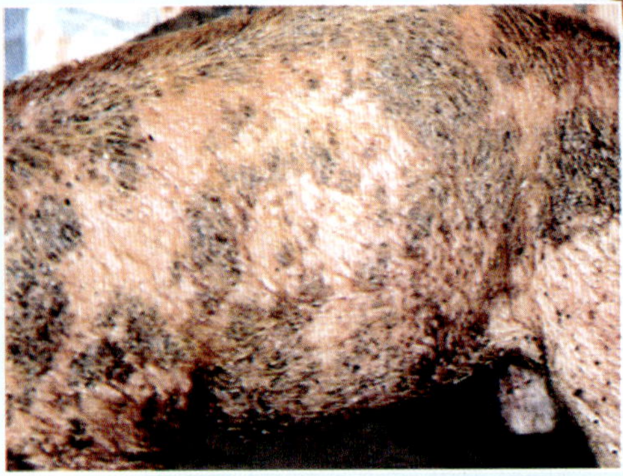

图6-40 病猪皮肤继发细菌感染的病灶结痂渗出油性物（孙锡斌等）

【鉴别诊断】 见表6-9。

表6-9 与猪的皮肤真菌病的鉴别诊断

| 病 名 | 症 状 |
| --- | --- |
| 猪的蔷薇糠疹 | 主要发生在腹部和腹股沟部,一般为豆大的红块 |
| 锌缺乏症 | 皮肤表面生小红点,皮肤粗糙有皱褶,蹄匣破裂,食欲不振,腹泻 |
| 猪疥螨病 | 皮肤增厚,病变部位遍及全身 |

【防治措施】 应注意平时的饲养管理,提高猪只的抵抗力,在幼畜补饲维生素A可起到一定的作用。一旦发现本病,应及时

隔离治疗，对猪舍和用具等进行严格消毒，可用硫酸铜等溶液每天涂敷，直至痊愈。

## 十、猪玫瑰糠疹

猪玫瑰糠疹属于一种遗传性、良性、自发性、自身限制的猪病。主要特征是皮肤上出现外观呈环状疱疹的脓疱性皮炎。

【诊断要点】

1. 流行病学　本病主要见于3～14周龄的仔猪和青年猪，患过病的母猪所生仔猪发生该病的概率高。

2. 临床表现　病猪多在腹下、四肢内侧、尾部四周等处发生病变。病初在皮肤上出现隆起但中央低，呈火山口状的小红斑丘疹或小脓疱。扩展后，外周呈红玫瑰色并隆起（图6-41，图6-42）。

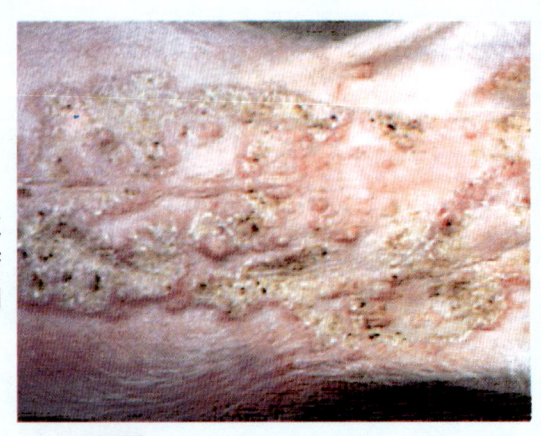

图6-41　腹部和股内侧皮肤的玫瑰糠疹病初的丘疹迅速扩展呈项圈状，项圈内是一层鳞屑（徐有生）

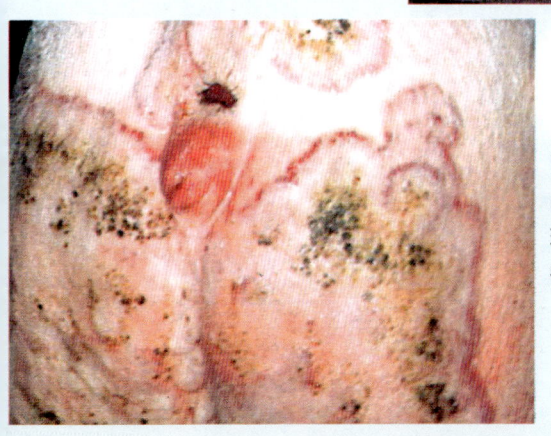

图6-42　臀部和后腿皮肤上的玫瑰糠疹，周边隆起，呈玫瑰红色随着红色项圈的扩展，病灶中央恢复正常（徐有生）

**【鉴别诊断】** 见表6-10。

表6-10 与猪玫瑰糠疹病的鉴别诊断

| 病　名 | 症　状 |
|---|---|
| 坏死杆菌病 | 多发于体侧、臀部皮肤，破溃后流出灰黄色或灰棕色恶臭液体 |
| 皮炎肾病综合征 | 主要感染12~14周龄的猪群，皮肤出现红紫色丘状斑点，由病程进展被黑色痂覆盖，然后消失留下瘢痕 |
| 水疱性疹 | 地方性流行或散发。有时在腕前、跗前皮肤出现较大水疱。用口蹄疫血清不能保护 |
| 猪　痘 | 主要发生在躯干、下腹部和股内侧，先丘疹后转为水疱，表面平整、中央稍凹呈脐状，蹄部水疱少见。剖检咽、气管等黏膜出现卡他性或出血性炎症 |
| 猪放线菌病 | 本病主要感染乳房，剖检时乳房中可见针头大黄白色硫黄样颗粒状物 |
| 疥螨病 | 主要发生在头顶、肩胛等体毛较少部位，特别是眼睛周围。患部发红，瘙痒 |
| 皮肤真菌病 | 病猪主要表现为头部、颈部、肩部出现大面积的发病区，中度瘙痒，不脱毛 |

**【防治措施】** 发生本病后只能等待自愈。如继发细菌性感染，要加以治疗。

# 第七章　贫血类疾病

## 一、猪结核病

### (Tuberculosis)

猪结核病是由分支杆菌引起的一种人、兽共患的慢性传染病。以多种组织器官形成肉芽肿为病理特征。

【诊断要点】

1. 流行病学　多种动物和人类都可感染本病，主要经消化道感染，也可通过呼吸道感染。多为散发，发病率和死亡率不高。

2. 临床表现　患结核病的猪多表现为淋巴结核，在扁桃体和颌下淋巴结发生病灶，很少有临床表现，偶见腹泻（图7-1）。

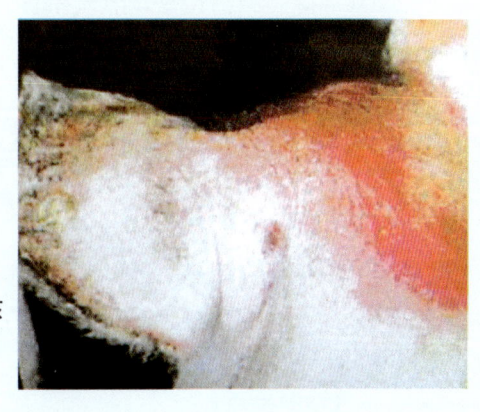

图7-1　在耳根部做的结核菌素阳性反应（潘耀谦等）

3. 病理剖检变化　病变主要发生在咽、颈部淋巴结和肠系膜淋巴结，表现为粟粒大的结节，切面灰黄色干酪样坏死，或表现急性肿胀，切面灰白色。此外，心脏的心耳和心室外膜、肠系膜、膈、肋胸膜发生大小不等的淡黄色结节或扁平隆起的肉芽肿病灶，切面

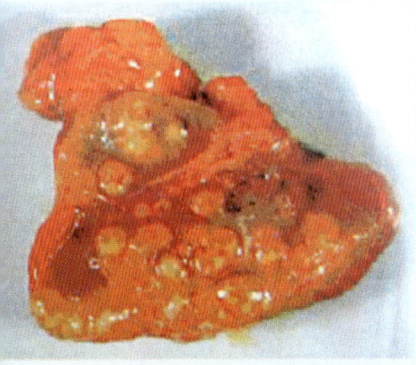

图7-2　支气管淋巴结肿大，内有大小不一的黄白色结核结节（潘耀谦等）

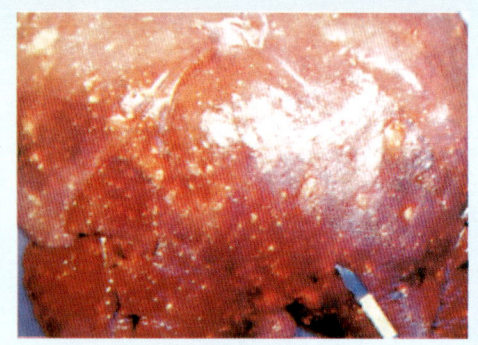

也见有干酪样坏死（图7-2，图7-4）。

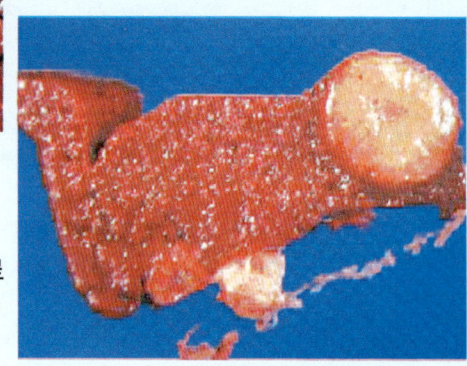

图7-3 肝脏表面密发大小不一的黄白色结核性结节（潘耀谦等）

图7-4 脾切面有一核桃大黄白色呈干酪样坏死的结核结节（潘耀谦等）

【防治措施】 做好人结核病的早期治疗和畜禽结核病的检疫、隔离等综合防治措施，消灭和减少猪结核病的发生。一旦发生应做淘汰处理。

## 二、猪囊尾蚴病

（Cysticeycosis cellulosae）

猪囊尾蚴病是由寄生在人小肠内的有钩绦虫的幼虫猪囊尾蚴寄生于猪体内而引起的一种绦虫蚴病。是一种危害十分严重的人、兽共患寄生虫病。

【诊断要点】

1. 流行病学 本病呈全球分布，主要流行于亚洲、非洲、拉丁美洲的一些国家和地区，在有生吃猪肉习惯的地区多出现地方性流行。感染有钩绦虫的患者是主要的传染源，他们排出的孕节和虫卵经消化道感染猪，引起发病。猪的散放和人的粪便管理不严是造成本病的主要原因。

2. 临床表现 本病只有在严重感染或某器官受损害时，才表现明显症状。多数表现营养不良、生长受阻、贫血和水肿等症状。

3. **病理剖检变化** 严重感染的病猪肌肉苍白、水肿、切面外翻、凹凸不平。在脑、眼、心、肝、脾、肺,甚至淋巴结等寄生的部位脂肪内可见到虫体。初期在猪囊尾蚴外部有细胞浸润,随后发生纤维素性病变,长大的囊尾蚴压迫肌肉,出现萎缩(图7-5,图7-6)。

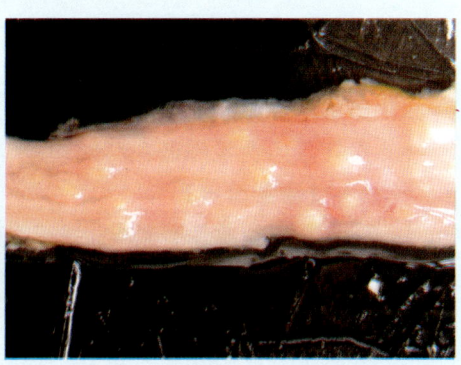

图7-5 直肠黏膜有豆状肿胀结节

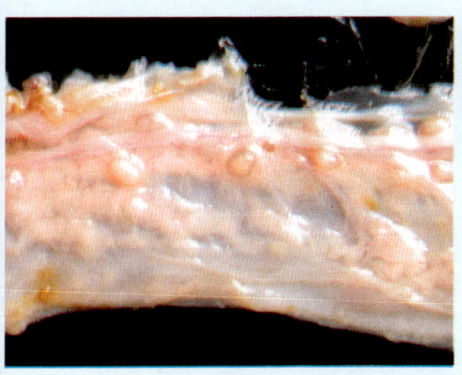

图7-6 直肠浆膜有豆状肿胀结节

【鉴别诊断】 见表7-1。

表7-1 与猪囊尾蚴病的鉴别诊断

| 病 名 | 症 状 |
|---|---|
| 猪旋毛虫病 | 前期呕吐,腹泻,后期体温升高,触摸肌肉有痛或麻痹,不感有结节 |
| 猪住肉孢子虫病 | 不安,腰无力,后肢僵硬或麻痹。剖检肾脏苍白,肌肉水样褪色,含有小白点,肌肉萎缩,有结晶颗粒 |
| 猪姜片吸虫病 | 腹泻,眼结膜苍白。剖检小肠上端有淤血点和水肿,呈弥漫性出血点和坏死病变 |

【防治措施】 本病应采取综合防治措施。治疗有钩绦虫的患者和猪囊尾蚴病猪。加强人粪便的管理、改善养猪的饲养方法,做到人有厕所,猪有圈。进行免疫接种,从根本上预防本病。目前比较理想的治疗药物为丙硫咪唑和吡喹酮,疗效显著,治愈率可达90%。

## 三、仔猪缺铁性贫血

仔猪缺铁性贫血,又称营养性贫血,是指机体铁缺乏引起仔猪贫血和生长受阻的一种营养代谢病。特征为皮肤、黏膜苍白及血红蛋白含量降低和红细胞减少。

【诊断要点】

1. 病因及流行病学　本病的主要病因在于仔猪体内铁贮存量低而需要量大,但外源供应量又少,使仔猪体内严重缺铁,影响血红蛋白的合成,发生贫血。此外,本病有一定的季节性,在秋、冬和早春比较常见,多发于2～4周龄的哺乳猪。

2. 临床表现　病猪表现精神沉郁、食欲减退、离群伏卧、营养不良、被毛粗乱,可视黏膜呈淡蔷薇色,轻度黄染。消化功能发生障碍,出现周期性腹泻及便秘。有的仔猪外观肥胖,生长发育快,在奔跑中突然死亡。

3. 病理剖检变化　病猪剖检可见肝脏出现脂肪变性、肿大,呈淡灰色,偶见出血点(图7-7)。

图7-7　肝脏出现脂肪变性、肿大

【鉴别诊断】　见表7-2。

表7-2　与仔猪缺铁性贫血的鉴别诊断

| 病　名 | 症　状 |
| --- | --- |
| 仔猪白痢 | 体温升高,乳白色或灰白色糊状或浆液状粪便。剖检胃和小肠充血、出血,胃内有少量凝乳块,肠内有大量气体、少量黄白色粪便 |

续表 7-2

| 病　名 | 症　状 |
|---|---|
| 猪附红细胞体病 | 体温升高，便秘、腹泻交替，犬坐姿势，全身皮肤发红或变紫 |
| 仔猪溶血病 | 委顿、贫血、血红蛋白尿。剖检可见皮下组织明显黄染 |
| 仔猪低血糖症 | 走动时四肢颤抖，心跳慢而弱，卧地不起，惊厥，流涎，游泳动作，眼球震颤 |

【防治措施】 增加哺乳仔猪外源性铁剂的供给。治疗时，以去除病因，补充铁剂，加强母猪饲养和管理为原则。

## 四、猪异嗜癖

异嗜癖是由多种疾病引起的代谢功能紊乱，味觉异常，到处舔食、啃咬的一种综合征。多发于冬季和早春舍养的猪只。

【诊断要点】

1. 病因　本病主要是由于猪体内缺乏某些矿物质、微量元素和维生素，特别是B族维生素，导致机体代谢功能紊乱，味觉异常，引起本病的发生。此外，某些蛋白质和氨基酸缺乏也是引发本病的原因。

2. 临床表现　本病主要表现为消化不良，味觉异常，食欲减退，舔食墙壁，啃食槽、砖块、玻璃、破布、毛发等异物和杂物。病猪渐渐消瘦、先便秘后腹泻，母猪常引起流产和吞食胎衣(图7-8)。

【防治措施】 预防时，要针对不同地区和不同年龄、品种的猪只，配制合理的饲料。积极治疗慢性胃肠疾病和引起功能紊乱的原发性疾病。治疗时，依照缺什么补什么的原则，对饲料进行合理的调整。

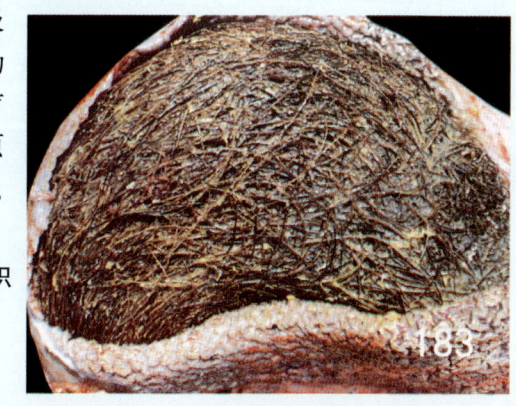

图 7-8　异嗜癖胃内积存的毛团（宣长和等）

# 主要参考文献

〔1〕冯力．猪病鉴别诊断与防治．北京：金盾出版社，2004．
〔2〕孙锡斌，程国富，徐有生．动物检疫检验彩色图谱．北京：中国农业出版社，2004．
〔3〕徐有生．瘦肉型猪饲养管理及疫病防制彩色图谱．北京：中国农业出版社，2005．
〔4〕宣长和．猪病学（第二版）．北京：中国农业科学技术出版社，2005．
〔5〕宣长和，王亚军，邵世义等．猪病诊断彩色图谱与防治（第一版）．北京：中国农业科学技术出版社，2005．
〔6〕林太明，雷瑶，吴德峰等．猪病诊治快易通．福州：福建科学技术出版社，2006．
〔7〕董彝．实用猪病临床类症鉴别（第二版）．北京：中国农业出版社，2006．
〔8〕席克奇，高文玉，樊长润．猪病诊治疑难问答．北京：科学技术文献出版社，2006．
〔9〕白挨泉，刘富来．猪病防治彩图手册．广州：广东科技出版社，2007．